卓越航空工程师培养系列教材

电磁场与电磁波

秦 哲　张艳峰　王亚如　李 文　编著

北京航空航天大学出版社

内 容 简 介

本书从场论入手,以麦克斯韦方程组为主线,重点讨论电磁场与电磁波的基本理论和分析方法,内容包括稳态下的电磁场、麦克斯韦方程组和电磁场能量、导体中电磁波的传播、电磁感应、变压器原理及应用、真空中电磁波的传播以及有色散和吸收介质中电磁波的传播。每章都附有习题,本书最后提供部分习题参考答案。

本书可作为中法工程师学院预科阶段的物理教材(电磁场与电磁波部分),或国内高校"卓越班"和"强基班"电磁场与电磁波课程的参考教材,也可作为通信工程、电子电工、自动化等专业学生的参考书。

图书在版编目(CIP)数据

电磁场与电磁波 / 秦哲等编著. -- 北京 : 北京航空航天大学出版社,2023.10

ISBN 978 - 7 - 5124 - 4218 - 4

Ⅰ. ①电… Ⅱ. ①秦… Ⅲ. ①电磁场②电磁波 Ⅳ. ①O441.4

中国国家版本馆 CIP 数据核字(2023)第 206545 号

电磁场与电磁波

秦 哲 张艳峰 王亚如 李 文 编著

策划编辑 周世婷 责任编辑 周世婷

*

北京航空航天大学出版社出版发行

北京市海淀区学院路 37 号(邮编 100191) http://www.buaapress.com.cn

发行部电话:(010)82317024 传真:(010)82328026

读者信箱:goodtextbook@126.com 邮购电话:(010)82316936

北京建宏印刷有限公司印装 各地书店经销

*

开本:787×1 092 1/16 印张:10 字数:256 千字

2023 年 10 月第 1 版 2024 年 8 月第 2 次印刷

ISBN 978 - 7 - 5124 - 4218 - 4 定价:39.00 元

卓越航空工程师培养系列教材
编 委 会

编委会主任：李顶河

编委会副主任：牛一凡　马　龙

执行编委（按姓氏笔画排序）：

丛 书 序

为贯彻落实《国家中长期教育改革和发展规划纲要(2010—2020 年)》和《国家中长期人才发展规划纲要(2010—2020 年)》,2010 年 6 月 23 日,教育部在天津大学召开"卓越工程师教育培养计划"启动会,联合有关部门和行业协(学)会,共同实施"卓越工程师教育培养计划"(简称"卓越计划")。卓越计划是促进我国由工程教育大国迈向工程教育强国的重要举措,旨在培养一大批创新能力强、适应经济社会发展需要的各类型高质量工程技术人才,为国家走新型工业化发展道路、建设创新型国家和人才强国战略服务。

中欧航空工程师学院(简称"中欧学院")是经教育部批准(教外综函〔2007〕37号),由中国民航大学与法国航空航天大学校集团于 2007 年合作创办的中国唯一一家航空领域精英工程师学院,旨在充分借鉴法国航空工程师培养优质教育模式,提升我国民航高级工程技术与管理人才的培养层次和水平。中欧学院创建 15年来,历经"引进吸收—融合提升—创新示范"三个阶段,秉承"融合中法教育理念、创新工程教育模式、持续提高人才核心竞争力和学院国际影响力"的指导思想,坚持"突出特色、强化优势、立足航空、面向世界"的办学定位,提出"培养具有浓厚家国情怀、深厚数理基础、广博学科专业知识,跨文化交流与协作、系统思维、卓越工程素养与创新能力,从事航空工程领域研发、制造与运行的国际化复合型高端人才"的培养目标。办学成果受到中法两国政府、教育部、民航局、中欧合作院校及航空企业的高度认可。2011 年,中欧学院被纳入中华人民共和国教育部"卓越工程师教育培养计划"。2016 年获得"中法大学合作优秀项目"(全国共 10个单位)。2013 年和 2019 年先后两次获得法国工程师学衔委员会(CTI)最高等级认证,被誉为中外合作办学的典范。2019 年新华社对中欧学院办学特色及成果进行专题报道,赞誉中欧学院在中法航空航天领域合作中起到积极推动作用。

本系列教材是在系统总结中欧学院 10 余年预科教学本土化建设经验基础上,面向"新工科"背景下卓越航空工程师培养的相关专业编制而成,内容紧扣人才培养目标中"深厚数理基础"的目标要求,支撑多门专业基础课程。教材内容覆盖面广、知识融合度高、注重学生思维能力培养,且从学生学习规律出发,采用循序渐进、由浅入深的方式,方便学生自主学习。设置大量理工融合、层次递进、综合设计性强的课后练习题,力图打牢学生基础,提升学生解决复杂问题的能力。

本系列教材可以作为国内工科专业卓越工程师培养的教学参考书,也可作为备考法国工程师院校入学考试的参考书籍,我们希望本系列教材的出版能够助力我国卓越工程师培养计划,为国家培养更多的高素质人才。

编委会

2023 年 8 月

前　言

信息时代，电磁场与电磁波的应用无处不在。电磁场基本理论利用精妙的数学语言描述场与源的关系、波的产生与传播、电磁波与介质的相互作用等客观规律。是笔者参考法国预科学校普遍使用及国内优秀的经典电磁场与电磁波教材，根据多年教学实践经验编写而成，内容具有鲜明的国际化特色。

本书相关物理知识的广度和难度介于普通物理和专业物理之间，侧重于学生计算能力和逻辑思维能力的提高，合理渗透新概念、新方法，注重数学工具与物理思想的深度融合。精心设计典型例题和综合性习题，以加深学生对电磁波理论的理解和应用。目前，国内高校只有部分中法合作办学机构使用类似讲义进行教学，且大部分为法语讲义，正式出版的相关中文教材并不多见，本书的出版可以填补这方面的空白。

本书可作为国内中法工程师学院预科阶段的物理教材（电磁场与电磁波部分），或国内高校"卓越班"和"强基班""电磁场与电磁波"课程的参考教材，也可以作为通信工程、电子电工、自动化等专业学生的参考书。

本教材计划教学时长为 56 学时。全书共 7 章：第 1 章为稳态下的电磁场，主要介绍稳态下静电场、静磁场与场源之间的微分关系，重点讲解梯度、散度和旋度的物理意义，研究稳态场的边值关系和亥姆霍兹定理的内容及意义；第 2 章为麦克斯韦方程组和电磁场能量，主要研究麦克斯韦方程组的基本性质及其微分和积分形式，介绍法拉第电磁感应定律、时变电磁场的边值关系、准稳态近似条件、坡印廷定理和电磁场的能量；第 3 章为导体中电磁波的传播，主要研究电磁波频率对导体物理性质的影响、准稳态近似条件下电磁波在导体中的传播方程、趋肤效应以及理想导体的性质；第 4 章为电磁感应，主要研究纽曼和洛伦兹两种类型的电磁感应原理，重点讲解通电线圈的磁耦合、自感和互感、参考系变换后的电磁场关系、拉普拉斯轨道应用实例以及发动机和电动机原理；第 5 章为变压器原理及应用，主要研究变压器工作原理、阻抗匹配以及变压器中的磁性材料的铁磁性、磁滞回线；第 6 章为真空中电磁波的传播，主要介绍真空中电磁波的传播方程、色散关系，平面简谐行波结构、偏振态及其能量，垂直入射理想导体表面的平面简谐行波的反射以及驻波的形成；第 7 章为有色散和吸收介质中电磁波的传播，主要研究电磁波在介质中传播时的吸收和色散现象、非简谐行波的传播、相速和群速的概念，其次研究等离子体中简谐电磁横波的传播特点，最后研究两透明介质界面处平面简谐行波的反射和折射,通过电磁场在介质界面处的边值关系推导笛卡儿反射和折射定律以及垂直入射情况下的反射与透射系数。上述内容既有联系又相对独立,教学过程中可根据教学要求灵活取舍。

本书编写分工如下:第1~4章由秦哲编写;第5、6章由张艳峰编写;第7章由王亚如编写;李文审阅了全书,并在材料收集、图表绘制和公式编写上做了大量工作。

本书编写过程中得到中国民航大学中欧航空工程师学院领导和老师的大力支持,牛一凡和于鸽等老师提供了许多帮助,在此一并表示感谢。同时,对北京航空航天大学出版社的大力支持表示感谢。

受限于笔者之能力,书中难免有不妥之处,恳请读者批评指正,使之完善提高。

作 者
2023 年 10 月于天津

目　　录

第 1 章　稳态下的电磁场

在稳态下,电场与磁场是完全独立的,一个带电体仅受洛伦兹力 $\vec{F} = q(\vec{E} + \vec{v} \wedge \vec{B})$ 的作用。1831 年之前,科学界对电磁场的认识仅限于静电场和静磁场,而静电场和静磁场是十分重要的,此处不再过多阐述。

通过"电磁学基础"课程对静电场和静磁场的研究,人们发现稳态下的电磁场的基本性质涉及两个重要的物理量:一个是静电场或静磁场通过封闭曲面的通量(即电通量或磁通量),另一个是静电场或静磁场沿着封闭曲线的环量。对静电场和静磁场的通量和环量进行研究,分别得到以下结论:

$$\oiint_{\Sigma} \vec{E} \cdot d\vec{S} = Q_{int}/\varepsilon_0 ; \quad \oint_{\Gamma} \vec{E}(M) \cdot d\vec{l} = 0$$

$$\oiint_{\Sigma} \vec{B}(M) \cdot d\vec{S} = 0 ; \quad \oint_{\Gamma} \vec{B}(M) \cdot d\vec{l} = \mu_0 I_{enl}$$

(1.1)

虽然这些积分定律在静电场和静磁场中经常使用,但是它们的不足之处在于不能将空间某点处的场与该点处的源分布建立关系。

为了加深对电磁场性质的理解,本章将介绍关于静电场和静磁场的微分表达式。

1.1　静电学定律微分形式

"电磁学基础"课程中用于计算静电场的方法是积分法,为了求空间某点处的静电场 $\vec{E}(M)$,必须要知道用于产生电场 $\vec{E}(M)$ 的固定电荷的整体分布情况。

本节将使用不同的方法去研究静电场的局部性质。通过"局部法",将空间点 M 处静电场 $\vec{E}(M)$ 的性质与存在于此点处的电荷分布情况联系起来。

性质 1.1　微分定律

设 M 是空间中任意一点,在该点定义的两个物理量 A 和 B 之间的微分定律把这两个物理量通过微分形式联系起来。

由性质 1.1 可以看出,高斯定理 $\oiint_{\Sigma} \vec{E} \cdot d\vec{S} = \dfrac{Q_{int}}{\varepsilon_0}$ 是积分定律而非微分定律。

由于微分定律包含很多有用信息,因此可以更有效地求得静电场或静磁场。本节内容可以被看作是对时变电磁学内容学习的引入,在后面学习中会看到,微分形式比积分形式更适合描述时变电磁场 $(\vec{E}, \vec{B})$ 的性质。

说明

电磁场的微分表示与输运理论、流体力学中涉及问题的研究方法很类似,因此后面我们会经常使用梯度、散度、旋度等算符来研究电磁场问题。

1.1.1 电场与电势间的微分定律

1. 微分定律

在"电磁学基础"课程中,已知静电场和静电势的微分关系式为

$$\vec{E}(M) = -\mathbf{grad}\, V(M) \tag{1.2}$$

静电学物理量 $\vec{E}(M)$ 和 $V(M)$ 是通过梯度算子 **grad** 联系起来的。

2. 静电场性质

对静电场和静电势之间满足的微分定律进行研究可以得出关于静电场的三个重要信息。

（1）静电场 $\vec{E}(M)$ 的方向

性质 1.2 静电场线与等势面的正交性

空间场点 M 处的静电场 $\vec{E}(M)$ 的场线与此点处的等势面正交。

证明

设 $V(M)$ 是空间点 M 的电势,如果 M' 点是与 M 点无限接近的另外一点,它们之间的电势差可写为

$$\mathrm{d}V(M) = \frac{\partial V}{\partial x}\mathrm{d}x + \frac{\partial V}{\partial y}\mathrm{d}y + \frac{\partial V}{\partial z}\mathrm{d}z = \mathbf{grad}\, V \cdot \mathrm{d}\vec{l} = -\vec{E}(M) \cdot \mathrm{d}\vec{l}$$

其中, $\mathrm{d}\vec{l} = \overrightarrow{MM'}$.

如图 1.1 所示,等势面 Σ_v 上所有点都具有相同的电势。故,如果 M 和 M' 属于等势面 Σ_v 上的任意两点,则有 $\mathrm{d}\vec{l} \in \Sigma_v$ 且 $\mathrm{d}V = 0$。这就证明了对于每个属于等势面 Σ_v 的点 M 都有 $\vec{E}(M) \perp \Sigma_v$。

（2）静电场 $\vec{E}(M)$ 的指向

性质 1.3 电场的指向:微分关系 $\vec{E}(M) = -\mathbf{grad}\, V(M)$ 中的符号"$-$"表示静电场指向电势降低的方向。

（3）静电场 $\vec{E}(M)$ 的强度

性质 1.4 等势面越密的地方,静电场就越强。

证明

位于等势面 Σ_v 上的两个点 A 和 B 以及位于等势面 $\Sigma_{v'}$ 上的两个点 A' 和 B' 如图 1.2 所示。由于 $AA' < BB'$ 且 $V'(A') - V(A) = V'(B') - V(B)$,因此由等式 $\mathrm{d}V = -\vec{E} \cdot \mathrm{d}\vec{l}$ 可以导出 $\|\vec{E}(A)\| > \|\vec{E}(B)\|$。这说明等势面越紧密,此处的电场强度就越强。

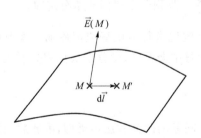

图 1.1 静电场线与等势面的正交性

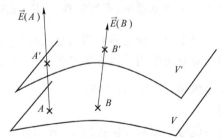

图 1.2 等势面上的电场

1.1.2　静电场通量的微分形式

1. 电场的散度

空间某一点 M 附近局部存在电荷时,在其附近产生的静电场 $\vec{E}(M)$ 具有怎样的性质呢?可通过研究放在原点 O 的点电荷 q 产生的静电场图来回答这一问题。

根据库仑定律可知,由点电荷引起的电场表达式为

$$\vec{E}(M) = \frac{q}{4\pi\varepsilon_0 r^2}\vec{u_r} \tag{1.3}$$

根据点电荷分布的球对称性,很容易判断电场是沿着径向的,径向电场线如图 1.3 所示。

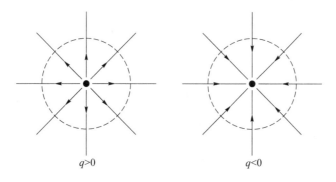

$q>0$　　　　　　　　$q<0$

图 1.3　点电荷径向电场线

性质 1.5　由空间场源引起的静电场的散度
静电场的场线总是从正电荷处发散,在负电荷处汇聚。

说明

在点电荷模型中,由库仑定律得出,静电场在无限接近点电荷时变得无限大,而这种情况并不具有物理实际性。此时,可以将点电荷模型化为一个半径为 R、电荷体密度为 ρ 的球体来解决这一问题。利用高斯定理很容易得出此模型下的电场分布。

当 $r<R$ 时,各点电场强度为

$$\vec{E}(r) = \frac{\rho}{3\varepsilon_0}r\vec{u_r} \tag{1.4}$$

当 $r>R$ 时,各点电场强度为

$$\vec{E}(r) = \frac{q}{4\pi\varepsilon_0 r^2}\vec{u_r} \tag{1.5}$$

利用此模型可以看出,当场点无限趋近于电荷中心时,电场也逐渐趋于零,解决了前面提到的问题。

2. 电通量

不管是稳态还是变化态(后面章节会涉及),电场 $\vec{E}$ 的场线发散或收敛完全由场源(电荷)决定。电场与电荷的这种局域性关系是高斯定理的微分形式,可以通过矢量散度算符来表达。

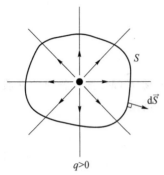

图 1.4 封闭曲面电通量

如图 1.4 所示,考虑一正点电荷 q 产生的静电场。一个任意的封闭的高斯曲面围绕在这个电荷周围,下面来判断穿过闭合曲面 S 的电通量的符号。

假设封闭曲面上一面元 $\mathrm{d}\vec{S}$ 向外为正,而电场的方向也由内向外,由高斯定理可得穿过此闭合曲面的电通量为正值,即

$$\Phi_{\vec{E}} = \oiint_S \vec{E}(M) \cdot \mathrm{d}\vec{S} = \frac{q}{\varepsilon_0} > 0 \tag{1.6}$$

同理,对于负电电荷,电场的方向由外向内,电通量为负值,即

$$\Phi_{\vec{E}} = \oiint_S \vec{E}(M) \cdot \mathrm{d}\vec{S} = \frac{q}{\varepsilon_0} < 0 \tag{1.7}$$

3. 高斯定理微分形式

"电磁学基础"课程学习的高斯定理是以积分形式表示的,对于任意封闭曲面 S,有

$$\oiint_S \vec{E}(M) \cdot \mathrm{d}\vec{S} = \frac{Q_{\text{int}}}{\varepsilon_0} \tag{1.8}$$

其中,Q_{int} 表示封闭曲面内部电荷电量代数和。

根据高斯散度定理,有

$$\iiint_{V(S)} \mathrm{div}\, \vec{E}(M)\, \mathrm{d}\tau = \frac{Q_{\text{int}}}{\varepsilon_0} \tag{1.9}$$

其中,$V(S)$ 是高斯面 S 内包含的体积。高斯面内部的电荷总电量计算公式为

$$Q_{\text{int}} = \iiint_V \rho(M)\,\mathrm{d}\tau$$

其中,$\rho(M)$ 表示空间电荷体密度。

故

$$\iiint_{V(S)} \mathrm{div}\, \vec{E}(M)\, \mathrm{d}\tau = \iiint_{V(S)} \frac{\rho(M)}{\varepsilon_0}\, \mathrm{d}\tau \tag{1.10}$$

等式(1.10)对于任何封闭的曲面都是成立的,积分相等可以导出积分表达式中对应两项相等。

性质 1.6 高斯定理微分形式

设 M 是空间中的任意点,如果此点处静电场有定义且可微,则

$$\mathrm{div}\, \vec{E}(M) = \frac{\rho(M)}{\varepsilon_0} \tag{1.11}$$

说明

① 高斯定理的积分和微分形式存在等效性;

② 高斯定理微分形式建立了静电场与空间每个点 M 处存在的电荷密度 ρ 之间的局域性联系。从物理学角度出发,可以验证电场从正电荷处发散并收敛到负电荷这一结论;

③ 静电场 $\vec{E}(M)$ 与体电荷密度 $\rho(M)$ 之间满足线性关系;

④ 这一微分关系使得 $\vec{E}$ 分量的变化具有较强的约束性。特别是对于没有电荷的空间局部区域,有 $\rho(M) = 0$,则静电场 $\vec{E}(M)$ 不发散,故有

$$\mathrm{div}\vec{E}(M) = 0$$

练习 1.1　球电荷分布下的静电场

考虑一电荷体密度为 ρ_0 的球形均匀带电体,球半径记为 R。请验证对于空间中任意一点处高斯定理的微分形式都成立。

4. 带电分界面两侧静电场法向分量的不连续性

实际电荷分布总是体分布,它们产生的静电场在空间上是连续的。如果电荷分布是在非常小的厚度范围内,可以将三维体分布看成二维面分布,这样将人为地产生静电场的不连续性。例题 1.1 将介绍这样一种静电场不连续的情况。

例题 1.1　带电球面内外的电场强度

如图 1.5 所示,一半径为 R 的球壳,表面均匀带电,其面电荷密度为 σ。求带电球面内外的电场强度 $\vec{E}$。

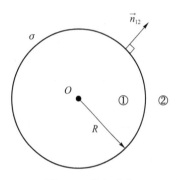

图 1.5　带电球壳

解　根据电荷分布的球对称性和不变性分析可知电场强度 $\vec{E}(M) = E(r)\vec{u}_r$,选取球心为 O,半径为 r 的封闭球面作为高斯面 S,由高斯定理积分形式可得

$$\oiint_S \vec{E} \cdot \mathrm{d}\vec{S} = 4\pi r^2 E(r) = \frac{Q_{\mathrm{int}}}{\varepsilon_0} \qquad (1.12)$$

当 $r < R$ 时,$Q_{\mathrm{int}} = 0$,球壳内部各点电场强度 $\vec{E}(r) = \vec{0}$;

当 $r > R$ 时,$Q_{\mathrm{int}} = Q = 4\pi R^2 \sigma$,则球壳外部各点的电场强度为

$$\vec{E}(r) = \frac{Q}{4\pi\varepsilon_0 r^2}\vec{u}_r = \frac{\sigma}{\varepsilon_0} \cdot \frac{R^2}{r^2}\vec{u}_r \qquad (1.13)$$

因此,在球壳边界处的电场关系可写为

$$\vec{E}(R^+) - \vec{E}(R^-) = \frac{\sigma}{\varepsilon_0}\vec{u}_r \qquad (1.14)$$

其中,$\vec{u}_r$ 表示图 1.5 所示的从介质 1 指向介质 2 的法向单位向量 $\vec{n}_{12}$,它垂直于 1 和 2 的分界面 S,因此式(1.14)也可写为

$$\vec{E}_{N_2}(R^+) - \vec{E}_{N_1}(R^-) = \frac{\sigma}{\varepsilon_0}\vec{n}_{12} \qquad (1.15)$$

其中,$\vec{E}_N$ 表示电场强度的法向分量。

球壳内外电场强度的法向分量随半径变化关系如图 1.6 所示。

例题 1.1 的结论可以推广到对于任意带电曲面两侧的电场强度法向分量之间的关系,称之为"边界条件(或边值关系)",且都具有性质 1.7 所述关系。

性质 1.7　静电场法向分量的边值关系

一带电曲面 S 将空间中的介质一分为二,此带电曲面的局部面电荷密度为 $\sigma(M)$,其两侧

静电场在 M 点处的法向分量满足以下边界条件：

$$\vec{E}_{N_2}(M) - \vec{E}_{N_1}(M) = \frac{\sigma(M)}{\varepsilon_0}\vec{n}_{12}, \forall M \in S \tag{1.16}$$

其中，$\vec{n}_{12}$ 为 M 处从介质 1 指向介质 2 的法向单位向量。

证明

如图 1.7 所示，S 为一面电荷密度为 $\sigma(M)$ 的带电曲面，此曲面将空间介质分为介质 1 和介质 2。M 是此界面上的任何一点，曲面两侧附近的静电场分别表示为 $\vec{E}(M_1)$ 和 $\vec{E}(M_2)$，$\vec{n}_{12}$ 为 M 处从介质 1 指向介质 2 的法向单位向量。

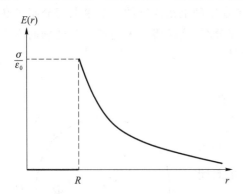

图 1.6　电场强度的法向分量随半径变化关系　　　**图 1.7　静电场法向分量的不连续性**

应用高斯定理来确定 $\vec{E}(M_1)$，$\vec{E}(M_2)$ 和 $\sigma(M)$ 之间的联系。如图 1.7 所示，选择一个穿过带电曲面 S 的封闭高斯面 S'。带电曲面被高斯面所截的部分记为面元 $\mathrm{d}S$，假定此面元是以研究点 M 为中心。为了方便计算，选择一个截面为 $\mathrm{d}S$ 和高度为 h 的圆柱体高斯面，电场 $\vec{E}$ 穿过封闭高斯面 S' 的总电通量 $\mathrm{d}\Phi_E$ 可以写为

$$\mathrm{d}\Phi_E = \mathrm{d}\Phi_1 + \mathrm{d}\Phi_2 + \mathrm{d}\Phi_l \tag{1.17}$$

其中，$\mathrm{d}\Phi_1$、$\mathrm{d}\Phi_2$ 和 $\mathrm{d}\Phi_l$ 分别为穿过圆柱体下表面、上表面和侧面的电通量。

当圆柱高 h 趋于 0 时，侧面电通量 $\mathrm{d}\Phi_l$ 的值变为 0，则总电通量为

$$\begin{aligned}
\mathrm{d}\Phi_E &= \vec{E}(M_1) \cdot \mathrm{d}\vec{S}_1 + \vec{E}(M_2) \cdot \mathrm{d}\vec{S}_2 \\
&= \left[\vec{E}(M_1) \cdot (-\vec{n}_{12}) + \vec{E}(M_2) \cdot \vec{n}_{12}\right]\mathrm{d}S \\
&= \left[\vec{E}(M_2) - \vec{E}(M_1)\right] \cdot \vec{n}_{12}\mathrm{d}S
\end{aligned} \tag{1.18}$$

在 h 趋于 0 的极限情况下，M_1、M_2 与 M 点重合。根据高斯定理 $\mathrm{d}\Phi_E = \dfrac{Q_{\text{int}}}{\varepsilon_0} = \dfrac{\sigma \mathrm{d}S}{\varepsilon_0}$，有

$$\begin{aligned}
\left[\vec{E}(M_2) - \vec{E}(M_1)\right] \cdot \vec{n}_{12} &= \frac{\sigma(M)}{\varepsilon_0} \Rightarrow E_{N_2}(M) - E_{N_1}(M) \\
&= \frac{\sigma(M)}{\varepsilon_0}
\end{aligned} \tag{1.19}$$

其中，$E_{N_1}(M)$ 和 $E_{N_2}(M)$ 分别为带电曲面上任意一点 M 两侧静电场的法向分量。

1.1.3　静电场环量保守性的微分形式

1. 静电场的无旋性

"电磁学基础"课程研究了电场强度 $\vec{E}$ 的空间场强分布,结合 1.1.2 小节内容可得出以下结论:

① 由 $\vec{E} = -\mathbf{grad}\, V$ 的关系可知,电场线总是与等势面正交;

② 电场和场源之间关系满足高斯定律微分形式:$\mathrm{div}\,\vec{E} = \dfrac{\rho}{\varepsilon_0}$;

③ 电场强度 $\vec{E}$ 的环量具有保守性。如图 1.8 所示,对于空间静电场中的一封闭曲线 Γ,静电场沿此封闭曲线的环路积分(环量)为零,对应积分公式为 $\displaystyle\oint_{(\Gamma)} \vec{E}(M) \cdot \mathrm{d}\vec{l} = 0$。说明静电场不可能绕着电荷旋转,否则积分结果不为零,即静电场具有无旋性。本小节的目的是证明静电场的这种一般性质。

2. 静电场环量的保守性

静电场环量的保守性其实是由静电场和静电势满足的 $\vec{E}(M) = -\mathbf{grad}\, V(M)$ 微分关系直接导出的。如图 1.9 所示,假设 $L(A,B)$ 为连接两点 A 和 B 的曲线,则电场 $\vec{E}(M)$ 沿着这条曲线的环量是

$$\begin{aligned} C_{L(A,B)} &= \int_{L(A,B)} \vec{E}(M) \cdot \mathrm{d}\vec{l} = -\int_{A}^{B} \mathbf{grad}\, V(M) \cdot \mathrm{d}\vec{l} \\ &= -\int_{V(A)}^{V(B)} \mathrm{d}V = V(A) - V(B) \end{aligned} \tag{1.20}$$

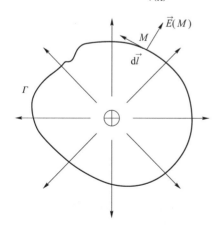

图 1.8　电场中封闭曲线

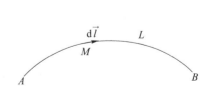

图 1.9　沿着曲线的静电场环量

性质 1.8　电场环量的保守性
静电场在空间的任意两点 A 和 B 之间的环量与所选择的路径无关,且仅取决于 A 和 B

之间的电势差：

$$C_{L(A,B)} = \int_{L(A,B)} \vec{E}(M) \cdot \vec{dl} = V(A) - V(B) \tag{1.21}$$

电场环量的保守性可与热力学状态变化过程类比理解。一个热力学状态函数的变化只取决于系统的初末状态，而并不取决于这些状态之间的变换过程，电场 $\vec{E}$ 的环量大小也只依赖于出发点和到达点的位置。

性质 1.9 静电场沿封闭曲线的环量

静电场沿任何封闭曲线(Γ)的环量都为零，即

$$\oint_{(\Gamma)} \vec{E}(M) \cdot \vec{dl} = 0 \tag{1.22}$$

证明

如果曲线为封闭曲线，积分的起点和终点总是相同的，即图 1.9 中的 A 点与 B 点重合，因此 $V(A) = V(B)$，故有 $\oint_{(\Gamma)} \vec{E}(M) \cdot \vec{dl} = 0$。

需要注意的是，电场 $\vec{E}$ 的环量保守性只有在稳态条件下才是正确的。在后面的章节中将会研究变化态情况下，电场的环量不为零的情况。

上述结论可以用于定义任意具有环量保守性的矢量场。

定义 1.1 具有环量保守性的矢量场

设 $\vec{X}$ 为在空间的任何点上定义的矢量场，如果它在空间的任何两点 A 和 B 之间的环量大小不取决于两点之间的路径（见图 1.10），就说 $\vec{X}(M)$ 是具有保守环量特性的矢量场。

$$\oint_{L(A,B)} \vec{X}(M) \cdot \vec{dl} = \int_{L'(A,B)} \vec{X}(M) \cdot \vec{dl} \tag{1.23}$$

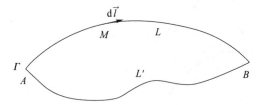

图 1.10 封闭曲线

那么对于任意闭合曲线(Γ)，其环量为

$$\oint_{(\Gamma)} \vec{X}(M) \cdot \vec{dl} = 0, \forall \Gamma$$

静电场线具有保守性特点，那么场线如果是闭合的，则必然会和性质 1.8 发生矛盾，所以可以得到以下性质。

性质 1.10 静电场线都是开放的场线。

证明

假设存在一条封闭的静电场线，由 $\vec{E} = -\mathbf{grad}\, V$ 的关系可知，沿着电场线的方向电势必

然降低,电势在沿封闭曲线循环结束时,电势降到最低。由性质 1.9 可知,当曲线闭合时,起点电势与终点电势相同,因此产生矛盾,从而证明静电场线一定是开放的场线。

如果从能量角度进行分析,A 点和 B 点之间的电场的环量 C 与在这两点之间的运动电荷接收到的电场力的功 W 直接相关。带电电荷 q 沿由 A 到 B 的曲线运动时,在经过曲线上一个元位移 $\mathrm{d}\vec{l}$ 时,电场力对电荷做的元功为

$$\delta W = \vec{F} \cdot \mathrm{d}\vec{l} = q\vec{E}(M) \cdot \mathrm{d}\vec{l} \tag{1.24}$$

整个过程电场力对电荷 q 做的功为

$$W = q\int_A^B \vec{E}(M) \cdot \mathrm{d}\vec{l} = q[V(A) - V(B)] \tag{1.25}$$

如果运动路径为封闭曲线,电荷经过一个循环,电场力做功 $W = 0$。这一结果说明外部操作者在静电场中通过沿着闭合曲线做往复运动时不可能从静电场中获取或提供能量,这也是库仑力为保守力的体现。

因此,在实际生活或工业应用中,旨在通过带电体运动而为外界提供功或能量的发电机中,电场本质上不是静电场(因为它违背静电场中 $\vec{E} = -\mathbf{grad}\,V$ 这一微分定律)。后面章节将会学习到这种情况下研究的电场为动电场。

3. 静电场的无旋性

已知静电场 $\vec{E}(M)$ 沿着封闭曲线 (Γ) 的环量的积分表达式为

$$\oint_{(\Gamma)} \vec{E}(M) \cdot \mathrm{d}\vec{l} = 0 \tag{1.26}$$

根据斯托克斯定理,可以导出:

$$\oint_{(\Gamma)} \vec{E}(M) \cdot \mathrm{d}\vec{l} = \iint_{S(\Gamma)} \mathbf{rot}\,\vec{E}(M) \cdot \mathrm{d}\vec{S} = 0 \tag{1.27}$$

等式(1.27)对于任何基于封闭曲线 (Γ) 的开放曲面 $S(\Gamma)$ 都是成立的。由积分结果都为零可推出以下关于静电场的另一个微分公式。

性质 1.11　表示静电场无旋性的微分公式

如果对于空间中任意点 M 处的静电场 $\vec{E}$ 有定义且可微,则此静电场为无旋场,且满足以下微分关系:

$$\mathbf{rot}\,\vec{E}(M) = \vec{0} \tag{1.28}$$

性质 1.11 说明静电场 $\vec{E}$ 是一种无旋场,空间场点处静电场的无旋性可由式(1.28)所示微分形式来表示。

4. 静电场的无旋性与静电势

首先回忆旋度算符的基本性质。对于一个二阶导数连续的标量场函数 φ,总有:$\mathbf{rot}(\mathbf{grad}\,\varphi) = \vec{0}$。这个结论在笛卡儿坐标系下推导比较容易。

这一性质可与静电场的无旋性 $\mathrm{rot}\vec{E}(M)=\vec{0}$ 作类比,静电场可对应一个势函数 φ,且有 $\vec{E}(M)=\mathbf{grad}\,\varphi$。在 1.1 节中,得知电场和电势之间满足微分关系式 $\vec{E}(M)=-\mathbf{grad}\,V$,因此有势函数 $\varphi(M)=-V(M)$。

5. 静电场切向分量的连续性

性质 1.7 给出了静电场穿过带电曲面时法向分量的不连续性(见 1.1.2 小节)。下面介绍静电场切向分量的连续性这一边值关系。

性质 1.12 静电场切向分量的连续性

一带电曲面 S 将空间中的介质一分为二,此带电曲面的局部面电荷密度为 $\sigma(M)$,其两侧静电场在 M 点处的切向分量满足以下边界条件:

$$\vec{E}_{T_2}(M)=\vec{E}_{T_1}(M)\,,\forall\,M\in S \tag{1.29}$$

证明

如图 1.11 所示,S 为一面电荷密度为 $\sigma(M)$ 的带电曲面,此曲面将空间介质分为介质 1 和介质 2。M 是空间场中任意点,曲面两侧附近的静电场分别表示为 $\vec{E}_1(M)$ 和 $\vec{E}_2(M)$。通过研究一个穿过曲面 S 高为 h 封闭小矩形(Γ)对应的静电场的环量来建立静电场的切向分量之间的关系。由式(1.26)可知,对于图 1.11 中的封闭矩形,其静电场环量为

$$\oint_{\Gamma}\vec{E}(M)\cdot\mathrm{d}\vec{l}=\int_{A}^{B}\vec{E}(M)\cdot\mathrm{d}\vec{l}+\int_{B}^{C}\vec{E}(M)\cdot\mathrm{d}\vec{l}+\int_{C}^{D}\vec{E}(M)\cdot\mathrm{d}\vec{l}+\int_{D}^{A}\vec{E}(M)\cdot\mathrm{d}\vec{l}$$
$$=0 \tag{1.30}$$

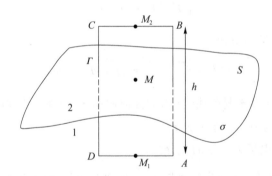

图 1.11 静电场切向分量的连续性

当 $h=AB$ 趋于 0 时,由于静电场的强度为有限值,因此 AB 和 CD 侧静电场的环量趋近于 0。此时 BC 上 M_2 点和 AD 上 M_1 点与曲面 S 上 M 点几乎重合,由此可导出:

$$\oint_{\Gamma}\vec{E}(M)\cdot\mathrm{d}\vec{l}=\vec{E}_1(M_1)\cdot\overrightarrow{DA}+\vec{E}_2(M_2)\cdot\overrightarrow{BC}$$

$$=0\xrightarrow{h\to 0}\left[\vec{E}_1(M)-\vec{E}_2(M)\right]\cdot\overrightarrow{DA}$$

$$=0$$

$\overrightarrow{DA}$ 是 M 点处与带电曲面相切的矢量,由式(1.29)可以导出关于静电场的切向分量满足

以下边值关系：

$$E_{T_1}(M) = E_{T_2}(M) \tag{1.31}$$

1.1.4　泊松方程

1. 亥姆霍兹定理

通过对静电场通量和环量的微分形式的学习，我们可以看出散度表示静电场中各点场与通量源的关系，而旋度表示静电场中各点场与漩涡源的关系。静电场中通量源为静电荷，而不存在类似静磁场中的电流源或流体力学速度场中漩涡源。静电场的散度和旋度一旦确定，意味着场的通量源和漩涡源也就确定了，在这种情况下，静电场被唯一确定。静电场的这种性质可以推广到任意矢量场，在实际运用中，我们通常承认以下数学定理：

定理 1.1　亥姆霍兹定理

假定一个矢量场 $\vec{X}$ 在无穷远收敛为 0，且其导数连续有界，如果这个矢量场在空间任一点 M 的散度和旋度都是确定的，那么此矢量场 $\vec{X}$ 具有唯一性。

例如，关于静电场的微分关系 $\mathrm{div}\,\vec{E}(M) = \rho(M)/\varepsilon_0$ 和 $\mathbf{rot}\,\vec{E}(M) = \vec{0}$ 能够确定唯一的静电场 $\vec{E}(M)$。

定理 1.1 说明对于在无穷远处为 0 的场，以上散度和旋度的微分方程包含了有关静电场的所有信息。而由库仑积分定律 $\vec{E}(M) = \dfrac{1}{4\pi\varepsilon_0}\iiint\limits_{V} \dfrac{\overrightarrow{PM}}{PM^3}\rho(P)\mathrm{d}\tau$ 可以确定空间电荷分布引起的静电场。这意味着可以严格证明库仑积分定律和前面两个微分关系的等价性。

2. 泊松方程

既然关于静电场的散度 $\mathrm{div}\,\vec{E}$ 和旋度 $\mathbf{rot}\,\vec{E}$ 的微分关系可以唯一确定静电场，那么可以认为这两个微分关系包含了有关静电场的所有信息，它们可以作为静电学的基本关系式用于推导静电场的边值关系以及与静电场相关的其他物理量之间的关系。本小节将从这两个微分关系式出发建立关于静电势 $V(M)$ 和体电荷密度 $\rho(M)$ 之间的关系，此关系式称之为"泊松方程"。

性质 1.13　静电学泊松方程

在空间的任意点 M 处，静电势 $V(M)$ 与体电荷密度 $\rho(M)$ 满足以下泊松微分方程：

$$\Delta V(M) = -\frac{\rho(M)}{\varepsilon_0} \tag{1.32}$$

证明

静电场的旋度 $\mathbf{rot}\,\vec{E}(M) = \vec{0}$，因此存在一标量电势 $V(M)$ 满足 $\vec{E}(M) = -\mathbf{grad}\,V(M)$。由静电场的散度 $\mathrm{div}\,\vec{E}(M) = \dfrac{\rho(M)}{\varepsilon_0}$，可以导出 $\mathrm{div}\big[\mathbf{grad}\,V(M)\big] = -\dfrac{\rho(M)}{\varepsilon_0}$，而对静电势的梯度求散度的结果正是标量拉普拉斯算子，由此可导出泊松方程

$$\Delta V(M) = -\frac{\rho(M)}{\varepsilon_0}$$

在实际应用时,要注意不同坐标系中拉普拉斯算子的表达式是不相同的。在笛卡儿坐标系中为

$$\Delta = \frac{\partial^2}{\partial x^2} + \frac{\partial^2}{\partial y^2} + \frac{\partial^2}{\partial z^2}$$

在其他坐标系中,其表达式比较复杂,需要查表计算。但如果电荷分布存在球对称性或圆柱对称性(各物理量变化只依赖于半径 r),则它的表达式将变得很简单。在电磁学习题中会经常用到:

$$\Delta \varphi = \frac{1}{r} \frac{\mathrm{d}}{\mathrm{d}r} \left(r \frac{\mathrm{d}\varphi}{\mathrm{d}r} \right) (圆柱对称), \quad \Delta \varphi = \frac{1}{r^2} \frac{\mathrm{d}}{\mathrm{d}r} \left(r^2 \frac{\mathrm{d}\varphi}{\mathrm{d}r} \right) (球对称)$$

练习 1.2 Yukawa 电势

已知一带电球体的体电荷密度为 $\rho(r)$,对应电势表达式为

$$V(r) = \frac{r}{4\pi\varepsilon_0} \exp(-ar)$$

其中,r 是空间场点 M 到原点球心 O 的距离;a 是一个正常数。求对应静电场的表达式。

说明

① 静电学中的泊松方程是一个表示电势与场源关系的线性偏微分方程,这种线性属性源自于关于静电场散度和旋度的基本微分方程的线性。另外承认,在给出空间场电荷体密度分布函数 $\rho(P)$ 时,泊松微分方程可解得其在空间场 M 点产生的电势 $V(M)$ 的积分表达式为

$$V(M) = \frac{1}{4\pi\varepsilon_0} \iiint_{D_V} \frac{\rho(P)}{PM} \mathrm{d}\tau + 常数 \tag{1.33}$$

静电势在任何空间位置都是一阶可导的(其梯度算子作用结果为连续的电场)。

② 如果给出空间面电荷分布 $\sigma(P)$ 和线电荷分布 $\lambda(P)$ 的情况下,其在空间场 M 点产生的电势 $V(M)$ 的积分表达式为

$$V(M) = \frac{1}{4\pi\varepsilon_0} \iint_{D_S} \frac{\sigma(P)}{PM} \mathrm{d}S + 常数; \quad V(M) = \frac{1}{4\pi\varepsilon_0} \int_{D_l} \frac{\lambda(P)}{PM} \mathrm{d}l + 常数 \tag{1.34}$$

在这两种情况下,研究电荷分布面或线上的静电势是没有意义的,因为其电势是不连续的。

③ 在所有情况下,只要电荷的空间分布是有限的,零电势都可以被选在无穷远处(积分表达式(1.33)和式(1.34)中积分常数为 0)。

④ 在没有电荷的区域 $\rho(M)=0$,因此有 $\Delta V(M)=0$,此时泊松方程变成拉普拉斯方程。

1.1.5 补充知识

1. 引力场与静电场的类比

本小节将"电磁学基础"课程中学习的静电场和"力学"课程中学习的万有引力场进行类比。之所以将这两种类型的场进行类比,是因为它们在描述场与源之间的关系时具有非常类似的形式。两个电量分别为 q_1 和 q_2 的带电粒子之间的库仑力,和两个质量分别为 m_1 和 m_2 的质点之间的万有引力的数学表达式如图 1.12 所示。正是因为这个相似性,静电场中的很多问

题都可以和引力场作类比。

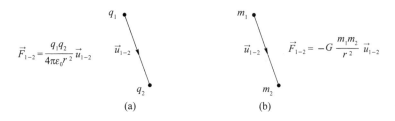

图 1.12 库仑力和牛顿力

虽然万有引力和库仑力在形式上相似,但他们本质不同,万有引力总是吸引力,而库仑力可以是吸引力也可以是排斥力,这主要取决于 q_1、q_2 电荷的符号。

表 1.1 总结了引力场和静电场相关物理量之间的相似性。

表 1.1 静电场与万有引力场的类比

物理量	静电场	万有引力场
源	电荷 q	质量 m
体密度	$\rho(M)$	$\mu(M)$
场	$\vec{E}(M)$	$\vec{G}(M)$
基本定律	库仑定律	牛顿定律
力的表达	$\vec{F} = q'\vec{E}(M)$	$\vec{F} = m'\vec{G}(M)$
基本常数	$1/\varepsilon_0$	$-4\pi G$
数值	$\varepsilon_0 \approx 8.85 \times 10^{-12}$ F·m^{-1}	$G \approx 6.67 \times 10^{-11}$ m^{-3}·kg^{-1}·s^{-2}
作用方向	排斥力或吸引力	吸引力
是否为保守力	是	是
点源产生的势	$V(M) = \dfrac{q}{4\pi\varepsilon_0 r}$	$V_G = -G\dfrac{m}{r}$
势能	$\varepsilon_p = \dfrac{qq'}{4\pi\varepsilon_0 r}$	$\varepsilon_{pp} = -G\dfrac{mm'}{r}$

2. 万有引力定律中的积分和微分公式

通过表 1.1 中各物理量的类比,很容易得到重力场当中相关的积分和微分公式。

定理 1.2 引力场高斯定理

引力场通过任意曲面 S 的通量(约定通量向外为正)与曲面 S 内包含的质量 M_{int} 成正比,对应引力场高斯定律积分形式为

$$\oiint_S \vec{G}(M) \cdot d\vec{S} = -4\pi G M_{int} \tag{1.35}$$

与引力场高斯定理相关的微分公式是

$$\mathrm{div}\,\vec{G}(M) = -4\pi G \mu(M) \tag{1.36}$$

性质 1.14 引力场的保守性

像静电场一样,引力场具有环量保守性,即无论怎样选择一个封闭回路 (Γ),总有

$$\oint_{(\Gamma)} \vec{G}(M) \cdot d\vec{l} = 0 \tag{1.37}$$

与环量保守性相对应的微分方程为

$$\mathbf{rot}\,\vec{G}(M) = \vec{0} \tag{1.38}$$

1.2 静磁学定律微分形式和积分形式

1.2.1 安培定理

1. 安培定理积分形式

与沿封闭回路环量为零的静电场相反,静磁场沿着包含有电流分布的闭合回路"流动"。在"电磁学基础"课程中,通过安培定理给出了静磁场环量的表达式。

定理 1.3 安培环路定理

静磁场沿任意闭合曲线(Γ)(通常也称"安培回路")的环量等于穿过与此封闭回路对应的开放曲面 $S(\Gamma)$ 的电流强度 I_{enl} 与磁导率 μ_0 的乘积。安培环路定理积分表达式为

$$\oint_{(\Gamma)} \vec{B}(M) \cdot \mathrm{d}\vec{l} = \mu_0 I_{enl} \tag{1.39}$$

其中,I_{enl} 表示被安培回路所围绕的电流强度代数和。

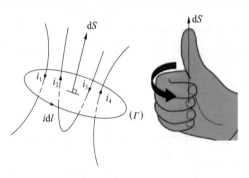

图 1.13 安培定理和右手定则

安培回路中包含的电流强度的正负取决于对应开放曲面 $S(\Gamma)$ 的法向,为此约定开放曲面 $S(\Gamma)$ 的法向与安培回路(Γ)的绕行方向满足右手定则,具体见图 1.13。

以图 1.13 为例,有 4 根电流穿进穿出安培回路(Γ)。以从上到下的观察角度观察,逆时针方向为安培回路绕行方向,根据右手法则,大拇指的指向为安培回路(Γ)对应的开放曲面 $S(\Gamma)$ 的正方向,则被环绕的电流强度 I_{enl} 的计算式为

$$I_{enl} = -i_1 + i_2 - i_3 + i_4 = -i_1 + i_4 \tag{1.40}$$

安培环路定理对于解决具有一维对称性的静磁场问题很方便,在求解问题过程中需要根据给定问题模型找到合适的安培回路(Γ)。具体选择原则如下:

① 如果可能,沿着一条闭合的磁感线;

② 回路要尽最大可能地顺着磁感线,其余的部分则垂直于磁感线,这样可以使得磁场环量计算简便。

2. 安培定理的应用

这里不再研究细导线周围的磁场,对于这种情况,可以参考"电磁学基础"课程中对静磁场的学习。下面用一例题来了解如何在电流为体积分布的情况下应用安培定理。

例题 1.2 无限长导线内外的磁场

研究一个半径为 a 的无限长导线,导线中有体电流密度为 $\vec{j}$ 的电流通过。求导线内外的磁场的表达式。

解

（1）对称性与不变性分析

设 M 是空间中的任何一点，平面 $(M, \vec{u_r}, \vec{u_z})$ 是电流分布的对称面，由此可知感应强度矢量应沿 $\vec{u_\theta}$ 方向。另外，由电流分布具有绕 Oz 轴的旋转不变性和沿 Oz 轴的平移不变性，因此可将感应强度矢量写为

$$\vec{B}(M) = B(r)\vec{u_\theta} \tag{1.41}$$

静磁场的磁感线是半径为 r 和中心为 H 的圆，圆上各点的磁场强度大小是相同的。为了方便计算，选择如图 1.14 所示的半径为 r 的圆回路作为安培回路 (Γ)。

磁场 $\vec{B}$ 沿着闭合回路 (Γ) 的环量为

$$\oint_{(\Gamma)} \vec{B}(M) \cdot \mathrm{d}\vec{l} = \int_0^{2\pi} B(r)\vec{u_\theta} \cdot \vec{u_\theta} r \, \mathrm{d}\theta$$
$$= 2\pi r B(r) \tag{1.42}$$

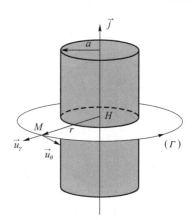

图 1.14　安培回路

（2）对于环绕电流 I_{enl} 的计算

对于 $r > a$，环绕电流 I_{enl} 是穿过导线截面积的全部电流，此时有

$$I_{\mathrm{enl}} = I = \iint_S \vec{j} \cdot \mathrm{d}\vec{S} = \pi a^2 j \tag{1.43}$$

对于 $r < a$，只有一部分电流被半径为 r 的圆所包围，电流强度为穿过半径为 r 的圆面 $S(\Gamma)$ 的电流，此时有

$$I_{\mathrm{enl}} = \iint_{S(\Gamma)} \vec{j} \cdot \mathrm{d}\vec{S} = j\int_0^{2\pi}\mathrm{d}\theta\int_0^r r'\mathrm{d}r' = \pi r^2 j \tag{1.44}$$

（3）磁场强度 $\vec{B}(M)$ 的表达式

对于 $r > a$，结合公式（1.42）和公式（1.43），有

$$\vec{B}(r) = \frac{\mu_0 I_{\mathrm{enl}}}{2\pi r}\vec{u_\theta} = \frac{\mu_0 \pi a^2 j}{2\pi r}\vec{u_\theta} = \frac{\mu_0 a^2 j}{2r}\vec{u_\theta} \tag{1.45}$$

这与"电磁学基础"课程中半径可忽略细导线周围的磁场的表达式完全一样。

对于 $r < a$，结合公式（1.42）和公式（1.44），有

$$\vec{B}(r) = \mu_0 \frac{jr}{2}\vec{u_\theta} \tag{1.46}$$

由此得到磁场强度大小随半径变化的关系，如图 1.15 所示。

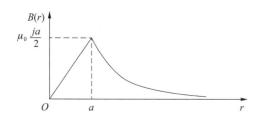

图 1.15　通电导线内外磁场随半径变化关系

说明

① 应用安培积分定律研究通电导线内外磁场大小，可以理解"电磁学基础"课程中细导线周围的磁场强度在靠近导线时为什么不会发散。细导线只是一个理想化的模型，

实际导线都会有粗细。

② 磁场强度在 $r = a$ 处是连续的,这是因为导体中电流分布是体分布的。后面章节将介绍磁场在通过一面电流密度为 $\vec{j_s}$ 的曲面时磁场强度具有不连续性。例题 1.2 所述的模型的磁场强度之所以连续,是因为任何点 M 处的电流面密度都为 0。

③ 假定例题 1.2 中体电流密度矢量表示为 $\vec{j} = j\vec{u_z}$ 而位置矢量表示为 $\overrightarrow{HM} = r\vec{u_r}$,不难证明,对于 $r < a$ 的场点的磁场强度表达式也可以表达为

$$\vec{B}(M) = \frac{\mu_0}{2} \vec{j} \wedge \overrightarrow{HM} \tag{1.47}$$

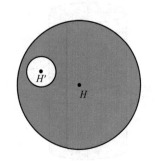

图 1.16　圆柱空腔中的磁场强度

练习 1.3　空腔中的磁场强度

一个轴心为 H,半径为 a 的无限长圆柱体,通以体电流体密度为 $\vec{j}$ 的电流。该电流方向与圆柱体轴线方向相同,且体电流密度为常数。在此圆柱体导线中挖一个如图 1.16 所示的轴心为 H',半径为 a' 的圆柱体空腔。求空腔中的磁场强度。

3. 安培定理的微分形式

在"电磁学基础"课程学习过程中,会发现磁感线总是绕着电流分布产生的,磁场好像是绕着电流在旋转。就像在第 1.1 节中研究静电场的散度和旋度一样,人们期望静磁场也有类似的公式来描述磁场的性质。

性质 1.15　安培定理的微分形式

在空间的每个点处的磁场强度如果有定义且可微,则磁场强度环量的非保守性的微分形式可表示为

$$\mathbf{rot}\,\vec{B} = \mu_0\,\vec{j} \tag{1.48}$$

它表示静磁场强度 $\vec{B}$ 的旋度等于真空磁导率与空间场点处体电流密度矢量的乘积。

证明

安培环路定理的积分表达式为

$$\oint_{(\Gamma)} \vec{B} \cdot \mathrm{d}\vec{l} = \mu_0 I_{\mathrm{enl}} \tag{1.49}$$

根据斯托克斯定理,有

$$\oint_{(\Gamma)} \vec{B} \cdot \mathrm{d}\vec{l} = \iint_{S(\Gamma)} \mathbf{rot}\,\vec{B} \cdot \mathrm{d}\vec{S} \tag{1.50}$$

其中,$S(\Gamma)$ 是对应安培环路 (Γ) 的任何一个开放的曲面。这个曲面的法向由右手定则判定。另外,由于环绕电流 I_{enl} 是通过 $S(\Gamma)$ 曲面的总电流,因此 I_{enl} 可表示为

$$I_{\mathrm{enl}} = \iint_{S(\Gamma)} \vec{j} \cdot \mathrm{d}\vec{S} \tag{1.51}$$

由此可推出等式:

$$\iint_{S(\Gamma)} \mathbf{rot}\,\vec{B} \cdot \mathrm{d}\vec{S} = \mu_0 \iint_{S(\Gamma)} \vec{j} \cdot \mathrm{d}\vec{S} \tag{1.52}$$

于是有

$$\mathbf{rot}\,\vec{B}(M) = \mu_0\,\vec{j}(M) \tag{1.53}$$

说明

① 如果空间场点 M 处没有电流通过，即 $\vec{j}(M) = \vec{0}$，则有磁场强度的旋度 $\mathbf{rot}\,\vec{B}(M) = \vec{0}$；

② 安培定理的微分关系证明了右手定则的推演方向是正确的。

4. 磁场强度穿过通电曲面时切向分量的不连续性

由例题 1.2 知，由电流体分布产生的静磁场强度（实际中最常见的情况）在空间上是连续的。但如果电流被局限在非常小的薄层内，这种情况下的电流分布可模型化为一个面分布，结果会导致静磁场强度的不连续性。下面来研究这一问题。

考虑一个无限大平面 (O,y,z)，通过一均匀面电流密度 $\vec{j}_s$。如图 1.17 所示，实际中可以将此问题看成是一个通电的平行六面体，体电流密度为 $\vec{j}$，其中厚度 h 要比另外两个维度尺寸小很多，那么电流被限制在一个很薄的平面内。极限情况下有 $h \to 0$，$\|\vec{j}\| \to +\infty$（否则，通电电流将为 0）。通常情况下，可以认为面电流密度和体电流密度之间关系为

$$\vec{j}_s = \vec{j} \times h$$

如图 1.18 所示，假设通电平面 (O,y,z) 通以均匀分布的面电流，面电流密度矢量记为 $\vec{j}_s = j_s \vec{u}_z$。

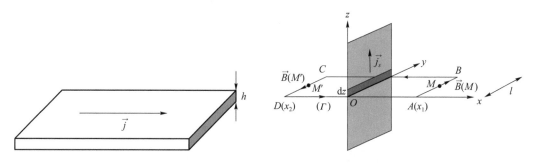

图 1.17　通电平行六面体　　　　　**图 1.18　通电电流平面的安培回路**

（1）安培回路的选择与环量的计算

由于平面 $P = \{M, \vec{u}_x, \vec{u}_z\}$ 是面电流分布的对称面，因此根据对称性分析可推断磁场强度矢量与平面 P 正交。电流分布沿着 y 和 z 方向具有平移不变性，则有 $\vec{B}(M) = B(x)\vec{u}_y$。

借助面电流分布的对称性和不变性分析可以得出磁场强度矢量的方向以及与哪些空间变量有关，这有助于选择一个合理的安培回路，以便于求解磁场强度。如图 1.18 所示，选择安培回路中两条边与 Oy 轴平行且长度相等。另外，安培回路必须是封闭的，因此用与 Oy 轴垂直的两条线段把刚才的两条边相连，这样就构成了一个长方形闭合安培回路 $ABCD$。长方形的选择有多种可能，即图 1.18 中 AB 和 CD 边的位置 x_1 和 x_2 是任意的，那么使用安培定理将无法精确计算磁场强度。这是因为使用安培定理计算环量时会出现两个未知数 $B(x_1)$ 和 $B(x_2)$。为了解决这一问题，这里再利用一次对称性，选择平面 $P = (O,y,z)$ 为长方形安培回路的对称面，这

意味着 CD 上的点 M' 与 AB 线段上的点 M 关于平面 P 对称。因此，选择 $x_2 = -x_1 = -x$ 来推导静磁场强度的表达式。根据磁场强度矢量的反对称性特点，有 $\vec{B}(M')$ 和 $\vec{B}(M)$ 关于平面 P 反对称，即 $B(-x) = -B(x)$。

这个安培回路（Γ）的磁场强度矢量的环量为

$$\oint_{(\Gamma)} \vec{B} \cdot \vec{dl} = \int_A^B \vec{B} \cdot \vec{dl} + \underbrace{\int_B^C \vec{B} \cdot \vec{dl}}_{\vec{B} \perp \vec{dl}} (\to 0) + \int_C^D \vec{B} \cdot \vec{dl} + \underbrace{\int_D^A \vec{B} \cdot \vec{dl}}_{\vec{B} \perp \vec{dl}} (\to 0)$$

$$= \int_0^l B(x) \vec{u}_y \cdot \vec{u}_y \, dy + \int_l^0 B(-x) \vec{u}_y \cdot \vec{u}_y \, dy$$

$$= \int_0^l B(x) \, dy - \int_0^l -B(x) \, dy \Rightarrow \oint_{(\Gamma)} \vec{B} \cdot \vec{dl} = 2B(x)l \tag{1.54}$$

（2）环绕电流 I_{enl} 的计算

假设以上安培回路中环绕电流强度记为 I_{enl}，面电流层宽度记为 l。在 $l \to 0$ 的情况下，此通电电流层可看成是无限细导线，则环绕电流可表示为

$$I_{enl} = j_s l$$

（3）安培定理的应用

对图 1.18 中的安培回路（Γ）应用安培环路定理，可得通电电流平面两侧磁场强度表达式：

对于 $x > 0$，有

$$\vec{B}(x) = \frac{\mu_0 j_s}{2} \vec{u}_y$$

对于 $x < 0$，则有

$$\vec{B}(x) = -\frac{\mu_0 j_s}{2} \vec{u}_y$$

说明

① 如果对于无限大均匀带电平面 $P = (O, y, z)$，面电荷密度为 σ，静电场表达式：

对于 $x > 0$，有

$$\vec{E}(x) = \frac{\sigma}{2\varepsilon_0} \vec{u}_x$$

对于 $x < 0$，则有

$$\vec{E}(x) = -\frac{\sigma}{2\varepsilon_0} \vec{u}_x$$

电场在两侧都为均匀场，可以看出对于通电电流平面两侧的磁场强度也有类似的结论。

② 无限大带电平面的研究说明静电场的法向分量具有不连续性，而无限大电流通电平面的研究则说明了磁场强度矢量切向分量的不连续性。事实上，对于图 1.18 中通电平面原点两侧的磁场强度关系可表示为

$$\vec{B}(0^+) - \vec{B}(0^-) = \left[\frac{\mu_0 j_s}{2} - \left(-\frac{\mu_0 j_s}{2} \right) \right] \vec{u}_y = \mu_0 j_s \vec{u}_y \tag{1.55}$$

记从介质 1（$x < 0$ 的半空间）指向介质 2（$x > 0$ 的半空间）且垂直于电流层的单位向量为

$\vec{n}_{12}=\vec{u}_x$，关于磁场强度矢量切向不连续性关系也可表示为 $\vec{B}_{T_2}(M)-\vec{B}_{T_1}(M)=\mu_0\,\vec{j}_s(M)\wedge\vec{n}_{12}$，它对于电流平面上所有点 M 都成立。

严格来讲，磁场强度矢量切向不连续性关系的证明并没有这么简单，它的证明过程超出了大纲要求的范围。在以后的学习中，承认在通以面电流密度为 $\vec{j}_s$ 的无限大通电电流曲面两侧的磁场强度的不连续性在空间场点 M 附近处仍是有效的。

性质 1.16　静磁场强度 $\vec{B}(M)$ 切向分量的不连续性

静磁场强度的切向分量 $\vec{B}_T$ 在通过一个面电流密度为 $\vec{j}_s$ 的电流曲面 N 时，具有不连续性。一般来说，这种不连续性的关系的数学表达为

$$\vec{B}_{T_2}(M)-\vec{B}_{T_1}(M)=\mu_0\,\vec{j}_s\wedge\vec{n}_{12},\quad \forall M\in N \tag{1.56}$$

练习 1.4　无限长通电螺线管的研究

证明对于一无限长螺线管内外磁场强度矢量的切向分量具有不连续性。设螺线管匝数为 N，长度为 l，通电电流为 I。

1.2.2　磁通量的保守性

1. 积分公式

在"电磁学基础"课程的学习中已知静磁场是一个具有通量保守性的矢量场。

性质 1.17　磁通量的保守性

通过任何封闭的曲面 S 的磁通量都是零，其积分形式表示为

$$\oiint\limits_{S}\vec{B}\cdot\mathrm{d}\vec{S}=0,\quad \forall S \tag{1.57}$$

说明

① 这里引入磁通量管的概念，它是由一束磁感线组成的管状区域，磁感线与管壁平行。不难证明通过同一磁通量管 T 的所有截面 $S(T)$ 的磁通量都相同。

$$\Phi_B=\iint\limits_{S(T)}\vec{B}\cdot\mathrm{d}\vec{S}=\text{常数} \tag{1.58}$$

② 不同于静电场线，磁感线是闭合的，因此很容易区分静电场图和静磁场图。

2. 静磁场强度矢量法向分量的连续性

性质 1.18　静磁场强度矢量 $\vec{B}(M)$ 法向分量的连续性

一通电曲面 S 将空间介质分为介质 1 和介质 2，磁通量保守性要求静磁场强度矢量法向分量在通电曲面局部任意点 M 处都连续（证明过程略），即

$$\vec{B}_{N_2}(M)=\vec{B}_{N_1}(M)\quad \forall M\in S \tag{1.59}$$

表 1.2 中总结了稳态电磁场的边值关系，其中每个关系对于所有被分隔成介质 1 和介质 2 的曲面上的 M 点都是成立的。

表 1.2　稳态电磁场的边值关系

分　量	静电场	静磁场
切向分量	$\vec{E}_{T_1}(M) = \vec{E}_{T_2}(M)$	$\vec{B}_{T_2} - \vec{B}_{T_1} = \mu_0 \vec{j}_s \wedge \vec{n}_{12}$
法向分量	$\vec{E}_{N_2} - \vec{E}_{N_1} = \dfrac{\sigma}{\varepsilon_0} \vec{n}_{12}$	$\vec{B}_{N_2} = \vec{B}_{N_1}$

在变化态情况下,这些电磁场边值关系公式仍是成立的。这些将在后面章节学习。

3. 微分形式

性质 1.19　磁通量保守性的微分形式

如果磁场 $\vec{B}(M)$ 在空间 M 点有定义且可微,则与磁通量保守性相关的微分形式可表示为

$$\mathrm{div}\vec{B} = 0 \tag{1.60}$$

证明

通过运用高斯散度定理把穿过封闭曲面 S 的磁通量积分形式转化为微分形式,即

$$\oiint_S \vec{B}(M) \cdot \mathrm{d}\vec{S} = \iiint_{V(S)} \mathrm{div}\vec{B}\,\mathrm{d}\tau \tag{1.61}$$

其中,体积 $V(S)$ 为封闭曲面 S 对应的体积。通过面积分向体积分的转化,可得到关于磁场散度的表达式。

由于磁场具有通量保守性,因此有

$$\oiint_S \vec{B}(M) \cdot \mathrm{d}\vec{S} = 0 \tag{1.62}$$

故

$$\iiint_{V(S)} \mathrm{div}\vec{B}\,\mathrm{d}\tau = 0 \tag{1.63}$$

关系式(1.63)对于任何体积 $V(S)$ 都成立,由此可推导出:

$$\mathrm{div}\vec{B} = 0$$

说明

① 磁通量的保守性是磁场非常重要的特性,它在变化态下仍然是有效的;

② 微分方程 $\mathrm{div}\vec{B} = 0$ 说明磁场强度散度为零,即静磁场是无源场。与电场起始于空间中的电荷不同,磁场不可能起始于电流源,只能围在电流源周围,由此可推断单一的磁极是不存在的(可理解为磁北极和磁南极不可能单独出现)。

可以验证在电流 I 通过的一无限长细导线情况下磁场强度的散度为零。根据电流分布的对称性和不变性分析,磁场强度都可以表示为

$$\vec{B}(M) = B(r)\vec{u}_\theta$$

在圆柱坐标系下:

$$\mathrm{div}\vec{B} = \frac{1}{r}\frac{\partial}{\partial r}(rB_r) + \frac{1}{r}\frac{\partial B_\theta}{\partial \theta} + \frac{\partial B_z}{\partial z} \tag{1.64}$$

很容易证明 $\mathrm{div}\vec{B} = 0$,因为方程(1.64)的每一项都是零。

4．磁矢势

通过电场与电势微分关系 $\vec{E} = -\mathbf{grad}\,V$，对电势 V 求梯度可得出静电场 $\vec{E}$。本节试图找出一个类似的微分关系，即通过对磁场对应的势函数运算而得出静磁场的表达式。为了方便求证，我们给出下面数学上的矢量分析定理（这里不做证明）。

定理 1.4　矢量分析定理

以如下形式定义一个有旋场 $\vec{X}$：

$$\vec{Y} = \mathbf{rot}\,\vec{X} \tag{1.65}$$

在数学上可知此有旋场的散度为零，即

$$\mathrm{div}(\mathbf{rot}\,\vec{X}) = 0 \tag{1.66}$$

定义 1.2　磁矢势

由性质 1.19 可知，对于空间所有点 M 处的磁场都有 $\mathrm{div}\vec{B} = 0$，根据 $\mathrm{div}(\mathbf{rot}\,\vec{X}) = 0$，定义一磁矢势 $\vec{A}$ 满足以下微分关系：

$$\vec{B} = \mathbf{rot}\,\vec{A} \tag{1.67}$$

旋度算符是一种反对称操作算符，磁矢势与磁场强度矢量具有反对称性，由此可以得到以下推论：

① 磁场 $\vec{B}$ 的对称面是磁矢势 $\vec{A}$ 的反对称面；

② 磁场 $\vec{B}$ 的反对称面是磁矢势 $\vec{A}$ 的对称面。

5．磁场强度与磁矢势的积分关系

性质 1.20　磁感应强度与磁矢势的积分关系

沿着闭合回路 (Γ) 的磁矢势的环量等于磁场穿过任何基于闭合回路 (Γ) 的开放曲面 $S(\Gamma)$ 的磁通量，即

$$\iint\limits_{S(\Gamma)} \vec{B} \cdot \mathrm{d}\vec{S} = \oint\limits_{(\Gamma)} \vec{A} \cdot \mathrm{d}\vec{l} \tag{1.68}$$

证明

由定义式（1.67）可得出：

$$\vec{B} = \mathbf{rot}\,\vec{A} \Rightarrow \vec{B} \cdot \mathrm{d}\vec{S} = \mathbf{rot}\,\vec{A} \cdot \mathrm{d}\vec{S} \Rightarrow \iint\limits_{S(\Gamma)} \vec{B} \cdot \mathrm{d}\vec{S} = \iint\limits_{S(\Gamma)} \mathbf{rot}\,\vec{A} \cdot \mathrm{d}\vec{S} \tag{1.69}$$

由斯托克斯定理可得

$$\iint\limits_{S(\Gamma)} \mathbf{rot}\,\vec{A} \cdot \mathrm{d}\vec{S} = \oint\limits_{(\Gamma)} \vec{A} \cdot \mathrm{d}\vec{l} \tag{1.70}$$

积分关系式（1.70）说明磁场通过由 N 个相同线圈组成的绕组的总磁通量为通过每个线圈的磁通量乘以构成绕组的匝数。

事实上，设 (Γ) 是一个由 N 个相同线圈 C_i 构成的绕组，每个线圈围成的面积记为 S_i，则

$$\oint\limits_{(\Gamma)} \vec{A} \cdot \mathrm{d}\vec{l} = \sum_{i=1}^{N} \int_{C_i} \vec{A} \cdot \mathrm{d}\vec{l} = N \int_{C_1} \vec{A} \cdot \mathrm{d}\vec{l} \tag{1.71}$$

在密接线圈近似下，N 匝中的每一匝都构成了一个封闭回路，由此可得

$$\oint_{(C)} \vec{A} \cdot d\vec{l} = \iint_{S(C)} \vec{B} \cdot d\vec{S} = \varphi_B \tag{1.72}$$

其中，φ_B 是磁场穿过每一个线圈的磁通量。整个电路中磁场的总磁通量计算如下：

$$\Phi_B = N\varphi_B \tag{1.73}$$

练习 1.5 无限长通电螺线管的电感

定义一个电路的电感 $L = \Phi_B/i$，其中 i 是电路中流过的电流的强度，Φ_B 是通过电路的磁场的总通量。假设螺线管电感由 N 段相同的线圈组成，横截面积为 S。螺线管很长，忽略边缘效应，求螺线管电感 L 的表达式。

6. 静磁学的泊松方程

如同静电势 V 与体电荷积密度 ρ 的关系可以用静电学泊松方程表示，对于磁矢势与体电流密度矢量也存在这样的静磁学泊松方程。

静磁学中有两个关于磁场的微分方程，分别为

$$\mathbf{rot}\,\vec{B} = \mu_0\,\vec{j}; \quad \mathrm{div}\,\vec{B} = 0 \tag{1.74}$$

根据亥姆霍兹定理，微分关系式(1.74)包含了所有关于静磁场的信息。

由磁矢势定义 $\vec{B} = \mathbf{rot}\,\vec{A}$ 和安培定律微分形式 $\mathbf{rot}\,\vec{B} = \mu_0\,\vec{j}$，可得

$$\mathbf{rot}(\mathbf{rot}\,\vec{A}) = \mu_0\,\vec{j} \tag{1.75}$$

另外，数学上有

$$\mathbf{rot}(\mathbf{rot}\,\vec{A}) = \mathbf{grad}(\mathrm{div}\,\vec{A}) - \Delta\vec{A} \tag{1.76}$$

因此可得

$$\mathbf{grad}(\mathrm{div}\,\vec{A}) - \Delta\vec{A} = \mu_0\,\vec{j} \tag{1.77}$$

式(1.77)中 $\mathrm{div}\,\vec{A}$ 的取值有一定的自由性，这里选择一种规范使磁矢势和体电流密度矢量之间保持一种最简单的关系。称此规范为**库仑规范**。在这种规范下，磁矢势和电流密度矢量之间满足静磁学泊松方程：

$$\Delta\vec{A} = -\mu_0\,\vec{j} \tag{1.78}$$

注意，这个规范的条件是静态和准静态，在变化态情况下以上结果并不成立，变化态将在第 2 章中学习。

与静电学一样，泊松方程是一个偏微分方程。这个方程通过线性的关系关联场源（电流）和磁矢势，因此叠加原理适用。

磁矢势的每个笛卡儿分量 A_x, A_y 或 A_z 都满足与静电学泊松方程相同类型的方程：

$$\Delta A_i = -\mu_0 j_i \tag{1.79}$$

其中，Δ 是作用于分量 A_i 的标量拉普拉斯算子。

静电学泊松方程得出了静电势与体电荷密度关系：

$$V(M) = \frac{1}{4\pi\varepsilon_0} \iiint_D \frac{\rho(P)\mathrm{d}\tau}{PM} \tag{1.80}$$

静磁学泊松方程与静电学泊松方程形式相同，因此可通过类比得到在**库仑规范**下静磁学泊松方程的解：

$$\vec{A}(M) = \frac{\mu_0}{4\pi} \iiint\limits_{D} \frac{\vec{j}(P)\mathrm{d}\tau}{PM} \tag{1.81}$$

这个结果说明了空间中磁矢势与局部电流密度分布的积分关系,实际上也给出了磁矢势 $\vec{A}$ 的对称性属性。

在稳态下,矢势 $\vec{A}$ 的对称性与体电流的对称性相同。

静磁学泊松方程是由静磁场的散度和旋度关系得出的,其实也可以由这两个微分关系再导出静磁学中的毕奥–萨伐尔定律(不在大纲要求范围内),它是研究静磁学问题的起点,而这个定律与规范的选择无关。

习　题

1-1　带电球面的静电场

考虑一个半径为 R,均匀带电的球面,其面电荷密度为一常数 σ。

(1) 求此带电球面在空间任意一点产生的电场强度 $\vec{E}(M)$;

(2) 在以半径 r 为横坐标,电场强度大小 E 为纵坐标的图中画出电场强度随半径变化的函数关系图。电场强度在球面处是否连续?为什么?

1-2　静电场的边值关系

已知穿过面电荷密度为 $\sigma(M)$ 的带电曲面的静电场是不连续的,使用以下公式描述电场穿过面电荷分布曲面的不连续性:

$$\vec{E}_2(M) - \vec{E}_1(M) = \frac{\sigma(M)}{\varepsilon_0} \vec{n}_{12}, \quad \forall M \in S \tag{1.82}$$

其中,带电曲面 S 将空间分割为介质 1 和介质 2,$\vec{n}_{12}$ 表示从介质 1 指向介质 2 的法向单位向量。本题要求证明关系式(1.82)成立。

(1) 题 1-1 中球面处电场强度是否满足关系式(1.82)?

(2) 选择一个底面积为 $\mathrm{d}S$,高为 $h \to 0$,且被带电曲面切割的圆柱体,应用高斯定理证明穿过带电曲面上任意一点的电场强度的法向分量满足以下关系式:

$$\vec{E}_{2N}(M) - \vec{E}_{1N}(M) = \frac{\sigma(M)}{\varepsilon_0} \vec{n}_{12}, \quad \forall M \in S \tag{1.83}$$

(3) 求任意封闭回路静电场的环量;

(4) 选择一个长为 $\mathrm{d}l$,高为 $h \to 0$,且被带电曲面切割的矩形封闭回路,应用环路定理证明带电曲面上任意一点的电场强度的切向分量满足以下关系式:

$$\vec{E}_{2T}(M) = \vec{E}_{1T}(M), \quad \forall M \in S \tag{1.84}$$

(5) 利用关系式(1.83)和(1.84)证明关系式(1.82)。

1-3　圆柱形电容器中的电场和电势

如图 1.19 所示,一个圆柱形电容器由两个同轴金属圆筒构成,假定圆柱筒均为无限长,内圆柱筒记为阴极,半径为 R_C,外圆柱筒记为阳极,半径为 R_A。

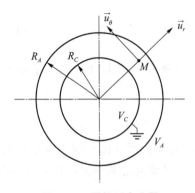

图 1.19 圆柱形电容器

阳极电势为正常数，$V_A > 0$，阴极电势为零，$V_C = 0$。两圆柱筒电极之间为真空。

（1）应用高斯定理微分形式求电容器中某点 M 处的电场强度，表示为 R_C，R_A，V_A 和半径 r 的函数；

（2）求空间任意点 M 处的电势 $V(M)$；

（3）求电场强度最大值 $E_{\max}$ 对应的半径；

（4）如果 R_A 和 V_A 为固定值，R_C 可变，求 $E_{\max}$ 最小时对应的 R_C；

（5）计算满足（4）的条件时 V_A 的值，给定：$E_{\max} = 32\ \text{kV} \cdot \text{cm}^{-1}$，$R_C = 1.5\ \text{cm}$。

1-4 Debye 静电屏蔽

本题研究一种由氩元素（Ar）构成的等离子体，按统计平均分布计算，此等离子体单位体积内包含 n_e 个质量为 m_e 带电量为 $-e$ 的电子，包含 n_i 个质量为 m_i 带电量为 e 的 Ar^+ 离子，以及 n_0 个质量为 m_0 的 Ar 原子。等离子体处在温度为 T 的热力学平衡态下。

考虑单个 Ar^+ 离子，处于坐标原点 O，由于库仑力的作用，会有多余的电子被吸引到 Ar^+ 离子附近，导致等离子体局部处不再保持电中性。记 $V(r)$ 为距离 Ar^+ 离子中心 $r = OM$ 处的电势，假设无穷远处电势为零。电子浓度 n_- 和阳离子浓度 n_+ 由以下玻尔兹曼分布定律给出：

$$n_- = n_e \exp\left[\frac{eV(r)}{k_B T}\right]$$

$$n_+ = n_e \exp\left[-\frac{eV(r)}{k_B T}\right]$$

已知：$\dfrac{\exp(x) - \exp(-x)}{2} = \text{sh}(x)$，当 x 很小时有 $\text{sh}(x) \approx x$。

（1）求 $r \neq 0$ 处总体电荷体密度 $\rho(r)$；

（2）证明：$\dfrac{1}{r^2}\left\{\dfrac{\mathrm{d}}{\mathrm{d}r}\left[r^2\dfrac{\mathrm{d}V(r)}{\mathrm{d}r}\right]\right\} = \dfrac{1}{r}\dfrac{\mathrm{d}^2}{\mathrm{d}r^2}[rV(r)]$；

（3）求 $V(r)$ 满足的微分方程；

（4）假定 $eV(r) \ll k_B T$，简化第（3）问 $V(r)$ 满足的微分方程，求 $u(r) = rV(r)$ 满足的微分方程；

（5）求 $u(r)$，可使用两个待定系数 A 和 B 来表示，记 $\lambda_D = \sqrt{\dfrac{\varepsilon_0 k_B T}{2e^2 n_e}}$ 为 Debye 静电屏蔽特征长度；

（6）假定距离 Ar^+ 离子非常近的电势与相同电荷量点电荷电势相同，求第（5）问中的两个待定系数以及电势 $V(r)$；

（7）如何利用第（6）问求得的电势结果解释静电屏蔽？

1-5 静磁场的边值关系

已知穿过面电流密度为 $\vec{j_s}$ 的通电曲面 S 的静磁场是不连续的。使用以下公式描述静磁场穿过面电流分布曲面的不连续性：

$$\vec{B}_2(M) - \vec{B}_1(M) = \mu_0 \, \vec{j}_s \wedge \vec{n}_{12}, \quad \forall M \in S \tag{1.85}$$

其中,通电曲面 S 将空间分割为介质 1 和介质 2,$\vec{n}_{12}$ 表示从介质 1 指向介质 2 的法向单位向量。本题要求证明关系式(1.85)成立。

这里承认通电曲面上任意一点 M 的磁场强度的切向分量满足以下关系式:

$$\vec{B}_{2T}(M) - \vec{B}_{1T}(M) = \mu_0 \, \vec{j}_s \wedge \vec{n}_{12}, \quad \forall M \in S \tag{1.86}$$

(1)求穿过封闭曲面的磁通量;

(2)选择一个底面积为 dS,高为 $h \to 0$,且被通电曲面切割的圆柱体,根据第(1)问的结论证明穿过通电曲面上任意一点 M 的磁场强度的法向分量满足以下关系式:

$$\vec{B}_{2N}(M) = \vec{B}_{1N}(M), \quad \forall M \in S \tag{1.87}$$

(3)利用关系式(1.86)和(1.87)证明关系式(1.85)。

(4)考虑一个无限长通电螺线管,单位长度上匝数为 n,通电电流为 I,请写出通电螺线管内外静磁场强度,并验证关系式(1.85)成立。

1-6　通电导体周围的静磁场

如图 1.20 所示,一个半径为 R,以 Oz 轴为对称轴的无限长圆柱体金属导体,通以体电流密度:

$$\vec{j}(r) = j_0 \, \frac{R}{r} \vec{u}_z$$

其中,j_0 为常数。

(1)分析体电流分布的对称性和不变性,判断静磁场的方向和变量;

(2)求空间任意一点 M 处的静磁场 $\vec{B}(M)$;

图 1.20　圆柱形金属导体

(3)验证金属圆柱体表面处静磁场满足题 1-5 的边值关系式(1.85)。

1-7　电感线圈

电感是很多电子设备,比如投影仪、电源、照明光源等电路中重要的组成元件,但是不同的应用场景所需的电感参数是不一样的,可以通过改变线圈几何尺寸和线圈匝数等参数来改变电感的大小。图 1.21 所示为一种常见的含铁芯铁磁材料的电感线圈,线圈截面为正方形,边长为 a,截面中心与线圈对称轴 Oy 距离为 R,线圈总匝数为 N,通电电流为常数 I。假定此线圈模型中的磁场不随 y 变化。

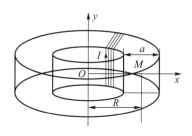

图 1.21　电感线圈实物图及其结构图

(1) 分析线圈电流分布的对称性和不变性，说明静磁场的方向以及它与哪些空间变量有关？

(2) 假定 $M(x,y)$ 为线圈内部处于 (Oxy) 平面上的一点，求此点处的静磁场强度。

(3) 按照如图 1.21 所示电流正方向的约定，求通过一匝线圈的磁通量 φ。

(4) 已知：$R=5$ cm，$a=2$ cm，$N=1\,000$ 匝。根据线圈电感 L 的定义：

$$\varphi_p = LI$$

其中，φ_p 表示穿过整个电感线圈的磁通量。

求此线圈电感的 L 大小。

(5) 通常线圈电感大小为什么远大于第(4)问计算得到的电感大小？

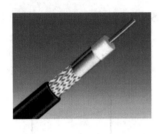

图 1.22　同轴电缆及其结构示意图

1-8　同轴电缆中的磁场与磁矢势

如图 1.22 所示，同轴电缆是一种电线及信号传输线，一般是由四层材料制成，线中心是一条导电铜线，线的外面有一层绝缘层，绝缘层外面又有一层薄的网状导电体(一般为铜)，导电体的外层包裹有一种绝缘保护材料。

将同轴电缆模型化，其缆芯 C_1 由电导率为 γ，半径为 R_1 的圆柱体铜导体构成，网状导电体可看作一层很薄的电导率也为 γ 的铜壳 C_2，铜壳内径记为 R_2，外径记为 R_3。缆芯 C_1 沿 Oz 轴正方向通以电流 I，通过铜壳 C_2 返回相同大小的电流。本题假设缆芯和铜壳中体电流密度均匀分布。

(1) 求缆芯和铜壳中体电流密度矢量 $\vec{j}_1$ 和 $\vec{j}_2$ 的表达式；

(2) 同轴电缆中的静磁场和磁矢势分别记为 $\vec{B}(M)$ 和 $\vec{A}(M)$。分析同轴电缆中电流分布的对称性和不变性，说明静磁场 $\vec{B}(M)$ 和磁矢势 $\vec{A}(M)$ 的方向以及它们与哪些空间变量有关？

(3) 已知 $\vec{A}(0)=\vec{0}$，求 $r<R_1$ 范围内的静磁场和磁矢势；

(4) 求 $R_1<r<R_2$ 范围内的静磁场和磁矢势。

第 2 章　麦克斯韦方程组和电磁场能量

第 1 章中对电磁场的研究都是在稳态下进行的,各物理量不随时间变化。在稳态情况下电场和磁场相互独立,它们之间没有耦合,电场或磁场可以独立研究。如果电场源和磁场源都随时间变化,情况还是这样吗?本章将回答这个问题。

本章将在变化态情况下重新介绍电磁场。首先从詹姆斯-麦克斯韦在 1864 年提出并在 1888 年经赫兹实验验证的方程组出发,去研究电磁场的性质,包括麦克斯韦方程组的微分与积分形式、电磁场的对称性等问题;其次将学习在麦克斯韦统一电场理论前的两种准稳态近似;最后由麦克斯韦方程组出发推导电磁场的能量。

2.1　麦克斯韦方程组的微分与积分形式

2.1.1　麦克斯韦方程组

由亥姆霍兹矢量分析定理可知,任何在无穷远处收敛的矢量场,如果这个矢量场在空间任一点 M 的散度和旋度都是确定的,那么此矢量场具有唯一性。

麦克斯韦方程组给出了关于电磁场散度和旋度的所有微分方程。

性质 2.1　麦克斯韦方程组

$$麦克斯韦\text{-}高斯方程:\quad \mathrm{div}\vec{E}=\frac{\rho}{\varepsilon_0} \tag{2.1}$$

$$麦克斯韦\text{-}法拉第方程:\quad \mathbf{rot}\vec{E}=-\frac{\partial \vec{B}}{\partial t} \tag{2.2}$$

$$麦克斯韦\text{-}汤姆森方程:\quad \mathrm{div}\vec{B}=0 \tag{2.3}$$

$$麦克斯韦\text{-}安培方程:\quad \mathbf{rot}\vec{B}=\mu_0\,\vec{j}+\frac{1}{c^2}\frac{\partial \vec{E}}{\partial t} \tag{2.4}$$

微分方程(2.1)~(2.4)在空间任何场点和任何时刻都是有效的。物理量 c 表示光在真空中的速度并满足

$$\varepsilon_0\mu_0 c^2=1 \tag{2.5}$$

其中,ε_0 表示真空介电常数,$\varepsilon_0=8.854\,187\,817\times10^{-12}$ F/m;μ_0 表示真空磁导率,$\mu_0=4\pi\times10^{-7}$ H/m。

2.1.2　麦克斯韦方程组相关性评述

1. 方程组的线性

麦克斯韦方程组是关于电磁场($\vec{E},\vec{B}$)与场源($\rho,\vec{j}$)之间的**线性**偏微分方程组,因此电场和磁场各分量或组成部分满足**叠加原理**。

2. 关于场源的讨论

在变化态机制下,由麦克斯韦-法拉第方程(2.2)和麦克斯韦-安培方程(2.4)可知,电场和磁场之间相互并不独立。在这种情况下,电场和磁场成为了一个不可分离的整体,因此称之为电磁场,表示为$(\vec{E},\vec{B})$。

体电荷和体电流$(\rho,\vec{j})$也不再是产生电磁场的唯一场源。从麦克斯韦-法拉第方程(2.2)中可以清楚地看到,磁场$\vec{B}(M,t)$构成了电场$\vec{E}(M,t)$的源。同样,从麦克斯韦-安培方程(2.4)中看到,电场$\vec{E}(M,t)$也构成了磁场$\vec{B}(M,t)$的源。

另外,通过麦克斯韦方程可以判断电磁场以及场源之间的对称性关系。一般来说,麦克斯韦方程右边的每一项都可以解释为左边场的源:

① 麦克斯韦-安培方程表明,电流和电场随时间的变化表现为磁场的源;

② 麦克斯韦-高斯方程表明,电荷分布是电场$\vec{E}(M,t)$的源;

③ 麦克斯韦-法拉第方程表明,随时间变化的磁场是电场$\vec{E}(M,t)$的一个源。

3. 另一种表述

麦克斯韦-法拉第方程和麦克斯韦-汤姆森方程分别写为

$$\mathbf{rot}\,\vec{E} = -\frac{\partial \vec{B}}{\partial t} \tag{2.6a}$$

$$\mathrm{div}\,\vec{B} = 0 \tag{2.6b}$$

微分关系式(2.6a)和式(2.6b)不取决于场源$(\rho,\vec{j})$,只包含电磁场结构方面的属性。既然这两个等式与电荷和电流源无关,则说明变化态下电磁场的存在或者传播可以**不依赖于介质**。这两个表达式为电磁波可以在真空中传播提供了理论依据。

麦克斯韦-高斯方程和麦克斯韦-安培方程分别为

$$\mathrm{div}\,\vec{E} = \frac{\rho}{\varepsilon_0} \tag{2.7a}$$

$$\mathbf{rot}\,\vec{B} = \mu_0\,\vec{j} + \frac{1}{c^2}\,\frac{\partial \vec{E}}{\partial t} \tag{2.7b}$$

方程(2.7a)和方程(2.7b)描述了电磁场$(\vec{E},\vec{B})$和场源$(\rho,\vec{j})$之间的耦合关系。当涉及不同介质如电介质或磁介质中的电磁场时,这些等式将具有不同的表示形式。

4. 积分公式的有效性

在"电磁学基础"课程中学习的静电学和静磁学分别以库仑定律和毕奥-萨法尔定律为基础,它们的积分形式分别为

$$\vec{E}(M) = \frac{1}{4\pi\varepsilon_0} \iiint\limits_V \frac{\overrightarrow{PM}}{PM^3}\,\mathrm{d}q \tag{2.8a}$$

$$\vec{B}(M) = \frac{\mu_0}{4\pi} \int\limits_L \frac{i\,\mathrm{d}\vec{l} \wedge \overrightarrow{PM}}{PM^3} \tag{2.8b}$$

在稳态下,麦克斯韦方程组分别表示为

$$\mathrm{div}\vec{E} = \frac{\rho}{\varepsilon_0}$$

$$\mathbf{rot}\,\vec{E} = \vec{0}$$

$$\mathrm{div}\vec{B} = 0 \tag{2.9}$$

$$\mathbf{rot}\,\vec{B} = \mu_0\,\vec{j}$$

根据亥姆霍兹定理可知,静电场可以由 $\mathrm{div}\vec{E} = \frac{\rho}{\varepsilon_0}$ 和 $\mathbf{rot}\,\vec{E} = \vec{0}$ 完全确定。因此,可以证明库仑积分定律与静电学微分方程式之间存在严格的等价性(这里不做证明)。同样,可以证明毕奥-萨法尔积分定律和静磁学微分方程的等价性。

由于麦克斯韦方程组(2.9)在变化态下发生形式上的变化,因此在变化态情况下,库仑积分定律和毕奥-萨法尔定律是错误的。

在相关参考文献中,重新证明了变化态下关于电场和磁场的积分表达式,但是它们太过复杂且不适合使用,因此麦克斯韦微分方程组是目前最适合描述变化态下的电磁场性质的方程组。

2.1.3　电磁场的对称性

1. 磁场的对称性

麦克斯韦-安培方程说明了磁场的产生来自两类随空间和时间变化的源: $\vec{j}$ 和 $\varepsilon_0\,\dfrac{\partial\vec{E}}{\partial t}$。

在稳态下,麦克斯韦-安培方程为

$$\mathbf{rot}\,\vec{B} = \mu_0\,\vec{j}$$

从这个微分方程出发可以得到磁场 $\vec{B}(M)$ 和体电流密度矢量 $\vec{j}$ 满足以下对称性关系:
① 磁场正交于电流分布的对称面;
② 磁场包含于电流分布的反对称面中。

通过观察 $\varepsilon_0\,\dfrac{\partial\vec{E}}{\partial t}$ 和 $\vec{j}$ 在麦克斯韦-安培方程中对磁场对称性的影响,推广得到磁场 $\vec{B}(M)$ 满足以下对称性关系。

设 M 是任何空间一点:

① 如果 M 属于电流分布和 $\dfrac{\partial\vec{E}}{\partial t}$ 的对称面 P_s,那么在 t 时刻 $\vec{B}(M,t)$ 正交于 P_s;

② 如果 M 属于电流分布和 $\dfrac{\partial\vec{E}}{\partial t}$ 的反对称面 P_a,那么 $\vec{B}(M,t)$ 在此时包含于 P_a 中。

在特定情况下,空间任何一点都有 $\vec{j}=0$,电场 $\vec{E}(M,t)$ 为磁场 $\vec{B}(M,t)$ 产生的唯一来源,则有

① $\vec{B}$ 与 $\dfrac{\partial \vec{E}}{\partial t}$ 的对称面正交；

② $\vec{B}$ 包含于 $\dfrac{\partial \vec{E}}{\partial t}$ 的反对称面中。

注意

如果 $\vec{E}$ 的方向随时间变化，那么 $\dfrac{\partial \vec{E}}{\partial t}$ 与 $\vec{E}$ 不共线。因此，需要特别注意的是，当研究对称性时，要寻找 $\dfrac{\partial \vec{E}}{\partial t}$ 的对称面，而不是 $\vec{E}$ 的对称面。

练习 2.1 变化态下电容器内部磁场的结构

一个平行板电容器，它的两极板都是半径为 a 的圆，极板间距为 e。电容器处在变化态下。在低频近似下，极板内部电场可以近似看作均匀场。在这种低频条件下，电场可近似表示为 $\vec{E}(t) \approx \dfrac{\sigma(t)}{\varepsilon_0} \vec{u_z}$，其中，$\sigma(t)$ 为（参考）高电势极板的面电荷密度。如忽略边界效应，求极板内部的磁场大小和方向。

2. 电场的对称性

一般来说，电场的对称性在变化态下并不简单，但在一个无电荷分布的空间中，麦克斯韦-高斯方程和麦克斯韦-法拉第方程可简化为

$$\mathbf{div}\,\vec{E} = 0 \tag{2.10a}$$

$$\mathbf{rot}\,\vec{E} = -\frac{\partial \vec{B}}{\partial t} \tag{2.10b}$$

它们和在稳态下描述磁场的公式具有相同的结构：

$$\mathbf{div}\,\vec{B} = 0 \tag{2.11a}$$

$$\mathbf{rot}\,\vec{B} = \mu_0 \vec{j} \tag{2.11b}$$

因此，在没有电荷存在的情况下，$\vec{E}$ 的对称性可以类比于磁场在稳态下的对称性。磁场 $\vec{B}(M,t)$ 作为电场 $\vec{E}(M,t)$ 产生的唯一场源，存在以下对称性关系：

① 电场 $\vec{E}$ 与 $\dfrac{\partial \vec{B}}{\partial t}$ 的对称面正交；

② 电场 $\vec{E}$ 被包含在 $\dfrac{\partial \vec{B}}{\partial t}$ 的反对称面中。

注意

如果 $\vec{B}$ 的方向随时间变化，那么 $\dfrac{\partial \vec{B}}{\partial t}$ 的方向与 $\vec{E}$ 不共线。因此，需要特别注意的是，当研究对称性时，要寻找 $\dfrac{\partial \vec{B}}{\partial t}$ 的对称面而不是 $\vec{B}$ 的对称面（如同步电机、异步电机中的旋转磁场）。

练习 2.2 无限长螺线管中的电场结构

一个无限长的螺线管，通以电流强度为 $i(t)$ 的电流，电流随时间变化。假定磁场在螺线管

内部是均匀的,在低频情况下,大小和方向与静磁学中的公式相同,只与 $i(t)$ 相关。如忽略边界效应,求在空间的任何点电场 $\vec{E}(M,t)$ 的大小和方向。

2.2　电磁场散度方程

麦克斯韦-高斯方程和麦克斯韦-汤姆森方程分别描述了 $\operatorname{div}\vec{E}$ 和 $\operatorname{div}\vec{B}$ 的关系,且变化态下的微分方程形式相对于稳态情况并没有改变,只是 $\rho(M,t)$ 是时间的函数。这两个方程的物理性质在第 1 章已经重点讨论,所有证明过程都与稳态下的相同。

2.2.1　麦克斯韦-高斯方程积分形式

麦克斯韦-高斯方程不管在变化态还是稳态下都具有相同的形式,因此高斯定理将在变化态下仍然保持有效。穿过任意封闭曲面 Σ 的通量等于 $\dfrac{Q_{\text{int}}}{\varepsilon_0}$,其中 Q_{int} 为封闭曲面内部包含的电荷量。

$$\oiint_{\Sigma} \vec{E}(M,t) \cdot \mathrm{d}\vec{S} = \frac{Q_{\text{int}}}{\varepsilon_0} \tag{2.12}$$

因此,关于电场法向分量的边值关系在变化态下仍然成立。

在穿过一个局部带有面电荷密度 $\sigma(M)$ 的交界面 J 时,交界面处的静电场的法向分量具有不连续性。

$$\vec{E}_{N_2}(M,t) - \vec{E}_{N_1}(M,t) = \frac{\sigma(M,t)}{\varepsilon_0}\,\vec{n}_{12}, \forall M \in J \tag{2.13}$$

在式(2.13)中,$\vec{n}_{12}$ 是从介质 1 到介质 2 的法向单位矢量。这个等式可以取代分界面任何点处的麦克斯韦-高斯微分关系。

实际上,如果 $\vec{E}_{N_1}(M,t)$ 和 $\vec{E}_{N_2}(M,t)$ 这些场是已知的,可以由式(2.13)推导出在两个介质之间的分界面的点 M 处的面电荷密度 $\sigma(M,t)$ 的表达式。

2.2.2　麦克斯韦-汤姆森方程积分形式

变化态下的麦克斯韦-汤姆森方程与稳态下的方程形式完全相同,由此推出 $\vec{B}(M,t)$ 是一个具有通量保守性特点的矢量场。磁场通过任何封闭曲面 Σ 的磁通量都是零,即

$$\oiint_{\Sigma} \vec{B} \cdot \mathrm{d}\vec{S} = 0 \tag{2.14}$$

式(2.14)说明在同一时间穿过一磁感线管的任何截面的磁通量都是相同的。在"电磁学基础"学习中,已知:

① 磁感线变密时磁场强度增加;

② 磁感线是封闭曲线。

另外,关于磁场强度法向分量的边值关系在变化态下仍然是成立的。在穿过可能有电流通过的交界面 J 时,在任意时刻 t,界面上任意一点 M 处的磁场强度的法向分量具有连续性:

$$\vec{B}_{N_2}(M,t) = \vec{B}_{N_1}(M,t), \forall M \in J \tag{2.15}$$

边值关系式(2.15)可以取代在界面处所有点的麦克斯韦-汤姆森微分关系 $\mathrm{div}\vec{B} = 0$。

2.3 麦克斯韦-法拉第方程

2.3.1 法拉第电磁感应定律积分形式

麦克斯韦-法拉第方程表明,随时间变化的磁场构成了电场 $\vec{E}(M,t)$ 的源,称此电场 $\vec{E}(M,t)$ 为感生电场,它是空间和时间的函数。更准确地说,$\dfrac{\partial \vec{B}}{\partial t}$ 和 $\mathbf{rot}\,\vec{E}$ 的耦合关系表明电场线围绕着 $\dfrac{\partial \vec{B}}{\partial t}$ 的场线旋转。由此可知,感生电场沿着闭合曲线的环量不为零,这个属性不同于静电场,它可以在闭合回路中产生一个电流,这个电流称为感应电流。

电磁场分量之间的耦合关系的积分表达是由法拉第定律描述的。

性质 2.2 法拉第电磁感应定律积分形式——感生电场

通过开放曲面 $S(\Gamma)$ 的磁通量随时间的变化构成了一个环量不为零的电场的源,这个电场称为感生电场。电场沿着曲线 (Γ) 的环量定义为感生电动势 $e(t)$。如果曲线 (Γ) 在空间中是闭合的,则感生电动势等于穿过此闭合曲线围绕成的曲面 $S(\Gamma)$ 的磁通量随时间的变化率的负值(曲面 $S(\Gamma)$ 的正方向取决于曲线 (Γ) 的绕行方向,通过右手法则来确定):

$$e(t) = -\frac{\mathrm{d}\Phi(t)}{\mathrm{d}t} \Leftrightarrow \oint_{\Gamma} \vec{E}(M,t) \cdot \mathrm{d}\vec{l} = -\frac{\mathrm{d}}{\mathrm{d}t}\iint_{S(\Gamma)} \vec{B}(M,t) \cdot \mathrm{d}\vec{S} \tag{2.16}$$

证明

由麦克斯韦-法拉第方程得 $\mathbf{rot}\,\vec{E} = -\dfrac{\partial \vec{B}}{\partial t} \Rightarrow \mathbf{rot}\,\vec{E} \cdot \mathrm{d}\vec{S} = -\dfrac{\partial \vec{B}}{\partial t} \cdot \mathrm{d}\vec{S}$,将此式在一个由封闭曲线 (Γ) 围绕成的开放的曲面 $S(\Gamma)$ 上积分,得

$$\iint_{S(\Gamma)} \mathbf{rot}\,\vec{E} \cdot \mathrm{d}\vec{S} = -\iint_{S(\Gamma)} \frac{\partial \vec{B}}{\partial t} \cdot \mathrm{d}\vec{S} \tag{2.17}$$

在 (Γ) 固定且不可变形的特定情况下,对时间的微分和对空间的积分可以交换顺序,即

$$\iint_{S(\Gamma)} \frac{\partial \vec{B}}{\partial t} \cdot \mathrm{d}\vec{S} = \frac{\mathrm{d}}{\mathrm{d}t}\iint_{S(\Gamma)} \vec{B}(M,t) \cdot \mathrm{d}\vec{S} \tag{2.18}$$

此外,由斯托克斯-安培定理 $\iint_{S(\Gamma)} \mathbf{rot}\,\vec{E} \cdot \mathrm{d}\vec{S} = \oint_{(\Gamma)} \vec{E}(M,t) \cdot \mathrm{d}\vec{l}$,可得

$$\oint_{(\Gamma)} \vec{E}(M,t) \cdot \mathrm{d}\vec{l} = -\frac{\mathrm{d}}{\mathrm{d}t}\iint_{S(\Gamma)} \vec{B}(M,t) \cdot \mathrm{d}\vec{S} \tag{2.19}$$

说明

实际上,积分法只有在对称性足够好的时候才能更方便地计算感生电场。另外,感生电场

只有在事先知道场的结构的情况下才能用法拉第定律计算。在这种情况下,选择一条感生电场的场线作为积分曲线(Γ),再根据法拉第积分公式(2.16)进行计算即可。

2.3.2　纽曼电磁感应

1. 感应电动势

2.3.1 小节所述的法拉第定律只是归纳了电磁感应现象的一部分,其他内容将在第四章详细介绍。本小节介绍的纽曼电磁感应现象研究的是放置在非稳态磁场中的固定电路对应的电磁感应现象。

法拉第定律表明,如果将一个固定的电路放入变化的磁场中,就会出现一个电动势 $e(t)$ 分布在整个电路上。如果电路是闭合的,那么就会出现感应电流 $i(t)$。与静电场不同,感生电场不具有环量保守性特点,这意味着如果使电荷 q 沿着线路移动,则有可能与外界交换能量。事实上,电荷 q 沿闭合电路移动接收的功 W_e 可表示为

$$W_e = \oint_{(\Gamma)} q\vec{E}(M,t) \cdot \mathrm{d}\vec{l} = qe(t) \tag{2.20}$$

因此,式(2.20)可以被解释为电动势 $e(t)$ 在能量方面的定义,即感生电动势可以被解释为沿闭合回路(Γ)移动时单位电荷获得的功。

由式(2.20)可得感生电动势 $e(t)$ 等于单位电荷沿闭合电路移动接收的功,即

$$e(t) = \frac{W_e}{q} \tag{2.21}$$

2. 楞次定律

麦克斯韦-法拉第方程等式右边的负号表明,在电磁感应现象中电路内部形成一个感应电场以及感应电流,感应电流也会产生新的磁场,其作用是阻碍穿过闭合电路对应曲面磁通量的变化,即楞次定律。

性质 2.3　楞次定律:感应电流产生的磁场总是阻碍电路中原磁通量的变化。

楞次定律说明了电路中感应电流产生的方向,最终效果是感应电流引起的磁场总是反抗电路中磁通量的变化。很多情况下可以使用楞次定律判断感应电流的方向以及感应电流的物理效果,较从法拉第电磁感应定律出发更加直观和容易。

3. 磁矢势

电场 $\vec{E}$ 在变化态下环量是否仍然具有保守性? 已知在稳态情况下,电场与电势微分关系为 $\vec{E} = -\mathbf{grad}\,V$,通过闭合回路的电场环量为零,因为:

$$\oint_{(\Gamma)} \vec{E} \cdot \mathrm{d}\vec{l} = -\oint_{(\Gamma)} \mathbf{grad}\,V \cdot \mathrm{d}\vec{l} = -\oint_{(\Gamma)} \mathrm{d}V = 0 \tag{2.22}$$

由麦克斯韦-法拉第方程和磁矢势和磁场之间的关系可以导出:

$$\mathbf{rot}\,\vec{E} = -\frac{\partial \vec{B}}{\partial t} \Rightarrow \mathbf{rot}\,\vec{E} = -\frac{\partial \mathbf{rot}\,\vec{A}}{\partial t} \Rightarrow \mathbf{rot}\left(\vec{E} + \frac{\partial \vec{A}}{\partial t}\right) = \vec{0} \tag{2.23}$$

已知对于任何有定义且可微的标量函数,都有 $\mathbf{rot}(\mathbf{grad}\,f) = \vec{0}$。因此,推断存在一个势函

数 $V(M,t)$ 使得 $\vec{E} + \dfrac{\partial \vec{A}}{\partial t} = -\mathbf{grad}\,V$，从而得到在变化态中，电场 $\vec{E}(M,t)$ 和磁矢势、电势的关系式：

$$\vec{E} = -\frac{\partial \vec{A}}{\partial t} - \mathbf{grad}\,V \qquad (2.24)$$

当结论式(2.24)还原到稳态时，有 $\dfrac{\partial \vec{A}}{\partial t} = \vec{0}$，因此可以重新得到静电学中的公式 $\vec{E} = -\mathbf{grad}\,V$。故，变化态下电场环量不具有保守性。由式(2.24)可得

$$\oint_{(\Gamma)} \vec{E} \cdot \mathrm{d}\vec{l} = -\oint_{(\Gamma)} \frac{\partial \vec{A}}{\partial t} \cdot \mathrm{d}\vec{l} - \oint_{(\Gamma)} \mathbf{grad}\,V \cdot \mathrm{d}\vec{l} \Rightarrow \oint_{(\Gamma)} \vec{E} \cdot \mathrm{d}\vec{l} = -\oint_{(\Gamma)} \frac{\partial \vec{A}}{\partial t} \cdot \mathrm{d}\vec{l} - \oint_{(\Gamma)} \mathrm{d}V$$

$$\Rightarrow \oint_{(\Gamma)} \vec{E} \cdot \mathrm{d}\vec{l} = -\oint_{(\Gamma)} \frac{\partial \vec{A}}{\partial t} \cdot \mathrm{d}\vec{l} \neq \vec{0} \qquad (2.25)$$

定义纽曼感生电场 $\vec{E}_m$ 为

$$\vec{E}_m = -\frac{\partial \vec{A}}{\partial t} \qquad (2.26)$$

纽曼感生电场区别于静电场的一个重要特点是它的环量不为零，而等于感生电动势。环量不为零的场是非保守场或非势场，常称为涡旋场。在稳态下学习的是有势场，不过它不随时间变化，属于势场的特例。一般来说，势场可以与时间有关。

2.3.3 电场切向边值关系

这里承认不管是否在稳态情况下，与电场切向分量相关的边值关系表示为

$$\vec{E}_{T_1}(M,t) = \vec{E}_{T_2}(M,t), \forall M \in S \qquad (2.27)$$

即电场 $\vec{E}(M,t)$ 的切向分量在穿过带电平面 S 时总是连续的。关系式(2.27)可以代替在带电界面处的每个 M 点处的麦克斯韦-法拉第方程。

2.4 麦克斯韦-安培方程

本节开始重点介绍麦克斯韦方程组。1864 年，麦克斯韦总结了前人的理论和实验结果，创立了麦克斯韦电磁理论。在麦克斯韦之前，电磁理论存在不合理的地方，而麦克斯韦最天才的地方就是解决了这些理论中的矛盾，并最终统一了电磁场理论。下面将详细学习和分析麦克斯韦之前的电磁场理论。

2.4.1 早期的电磁学

法拉第发现电磁感应现象之前，电磁学的研究只停留在静电学和静磁学的理论和实验研究上。在 1831 年法拉弟发现电磁感应现象之后科学家对电磁理论进行了修正，修正后的电磁场理论与当时的实验结果吻合程度比较高，这让所有科学家都认为这时的电磁理论已经是非

常严谨且完备的理论了。因此,当时关于电磁场的微分方程被总结为

$$\mathrm{div}\vec{E} = \frac{\rho}{\varepsilon_0}$$

$$\mathrm{div}\vec{B} = 0$$

$$\mathbf{rot}\,\vec{E} = -\frac{\partial \vec{B}}{\partial t} \qquad (2.28)$$

$$\mathbf{rot}\,\vec{B} = \mu_0\,\vec{j}$$

式(2.28)中的四个方程几乎包含了当时所有的电磁学理论,而且能够描述几乎全部在那个时代技术条件下可以实现的电磁学实验。

微分方程组(2.28)与之后麦克斯韦提出的方程组相同,只有麦克斯韦-安培方程有所不同。麦克斯韦之所以对描述磁场旋度 $\mathbf{rot}\,\vec{B}$ 的方程提出补充,是因为这些与电磁学定律相关的方程组从理论角度来分析具有深层次的内部矛盾,但是由于当时实验技术条件所限,实验上难以发现安培定律存在的问题。而麦克斯韦首先从理论上纠正了这一错误,最终在赫兹实验验证后建立了完备的电磁场理论。

2.4.2　麦克斯韦之前定律的内部矛盾

1. 局部电荷守恒方程

大家知道,空间中的电荷既不会凭空产生也不会凭空消失,电荷这个物理量满足守恒定律。对空间固定体积内的电荷量变化进行分析,可以建立电荷守恒微分方程。设 V 是空间中的某一固定体积,记 $Q(t)$ 为 t 时刻体积 V 中包含的电荷量。电荷量 $Q(t)$ 只能通过进出(以电流的形式)体积 V 对应的封闭曲面 S 的电荷来变化。如果约定面元 $\mathrm{d}\vec{S}$ 方向朝外为正,则从 t 到 $t+\mathrm{d}t$ 时间段内此固定体积 V 内的电荷变化量可表示为

$$Q(t+\mathrm{d}t) - Q(t) = \left[-\oiint_S \vec{j}\cdot\mathrm{d}\vec{S}\right]\mathrm{d}t \Rightarrow \frac{\mathrm{d}Q}{\mathrm{d}t} + \oiint_S \vec{j}\cdot\mathrm{d}\vec{S} = 0 \qquad (2.29)$$

体积 V 中电荷量 $Q(t)$ 与空间体电荷密度 ρ 的关系为

$$Q(t) = \iiint_V \rho(M,t)\mathrm{d}\tau \qquad (2.30)$$

对时间求导时,求导可以进入到积分公式中,因此有

$$\frac{\mathrm{d}Q}{\mathrm{d}t} = \iiint_V \frac{\partial \rho}{\partial t}(M,t)\mathrm{d}\tau \qquad (2.31)$$

此外,方程(2.29)的封闭曲面积分可以由高斯散度定理转换成:

$$\oiint_S \vec{j}\cdot\mathrm{d}\vec{S} = \iiint_V \mathrm{div}\,\vec{j}\,\mathrm{d}\tau \qquad (2.32)$$

因此

$$\iiint_V \left[\frac{\partial \rho}{\partial t} + \mathrm{div}\,\vec{j}\right]\mathrm{d}\tau = 0 \qquad (2.33)$$

这样就得到电荷守恒方程的微分形式:

$$\frac{\partial \rho}{\partial t}(M,t) + \text{div}\,\vec{j}(M,t) = 0, \quad \forall\,(M,t) \tag{2.34}$$

2. 电荷守恒微分方程的问题

电荷守恒关系式（2.34）与安培定律微分方程 $\textbf{rot}\,\vec{B} = \mu_0\,\vec{j}$ 不相容，因为如果对 $\textbf{rot}\,\vec{B} = \mu_0\,\vec{j}$ 等式两边求散度，则有

$$\text{div}(\textbf{rot}\,\vec{B}) = \mu_0\,\text{div}\,\vec{j} = 0 \Rightarrow \text{div}\,\vec{j} = 0 \tag{2.35}$$

在变化态下，这一结论与前面所讲的电荷守恒定律的表达式（2.34）结果矛盾。

下面学习麦克斯韦如何通过引入 $\mu_0\varepsilon_0\dfrac{\partial \vec{E}}{\partial t}$ 项解决这一问题。事实上，将麦克斯韦-安培方程等式右边引入 $\mu_0\varepsilon_0\dfrac{\partial \vec{E}}{\partial t}$ 项后，对等式两边求散度运算，可得

$$\text{div}(\textbf{rot}\,\vec{B}) = \mu_0\left[\text{div}\,\vec{j} + \varepsilon_0\,\text{div}\left(\frac{\partial \vec{E}}{\partial t}\right)\right] = 0 \Rightarrow \text{div}\,\vec{j} + \varepsilon_0\,\text{div}\left(\frac{\partial \vec{E}}{\partial t}\right) = 0 \tag{2.36}$$

再由麦克斯韦-高斯方程 $\text{div}\,\vec{E} = \dfrac{\rho}{\varepsilon_0}$，导出 $\dfrac{\partial \rho}{\partial t} + \text{div}\,\vec{j} = 0$，这正是大家熟知的电荷守恒微分关系式。

可以看出，麦克斯韦方程组符合电荷守恒基本原理。电荷守恒的微分关系式（2.34）并不是一个全新的电磁学微分方程，它包含在麦克斯韦方程组中。

安培定理的微分表达为 $\textbf{rot}\,\vec{B} = \mu_0\,\vec{j}$。对于任何封闭曲线 (Γ) 对应的开放曲面 $S(\Gamma)$，都有如下积分式：

$$\oint_{(\Gamma)}\vec{B}\cdot\mathrm{d}\vec{l} = \mu_0 I_{\text{enl}} = \mu_0\iint_{S(\Gamma)}\vec{j}\cdot\mathrm{d}\vec{S},\ \forall\,S(\Gamma) \tag{2.37}$$

下面通过对变化态下平行板电容器中电磁场的研究来说明安培定理的缺陷，并由此引入麦克斯韦项 $\varepsilon_0\dfrac{\partial \vec{E}}{\partial t}$ 来解决这个问题。

研究一个由半径为 R、间距为 e 的圆形极板构成的平行板电容器，此电容器两端接入正弦式变化电压。电容器两个极板面电荷密度分别表示为 $+\sigma(t)$ 和 $-\sigma(t)$，它们都是随时间变化的函数。

考虑电压变化频率足够低，只对静电场产生一个小的干扰，因此电场 $\vec{E}(M,t)$ 的表达式与在稳态下的完全相同。电容器内部空间体积用 V 表示，忽略边界效应，电场为匀强电场，其大小和方向表示为

$$\vec{E} = \frac{\sigma(t)}{\varepsilon_0}\,\vec{u}_x, \forall\,M \in V; \quad \vec{E} = 0, \forall\,M \notin V \tag{2.38}$$

电路中的电流 $i(t)$ 产生一个随空间和时间变化的磁场 $\vec{B}(M,t)$。这里的目标不是要准确计算出磁场本身，而是为了表达出它的环量。应用安培定理积分形式，选择图 2.1 所示的曲线 (Γ) 作为安培环路积分曲线，则有

$$\oint_{(\Gamma)} \vec{B}(M) \cdot \mathrm{d}\vec{l} = \mu_0 I_{\mathrm{enl}} \qquad (2.39)$$

其中，I_{enl} 是穿过基于封闭曲线 (Γ) 对应的开放曲面 $S(\Gamma)$ 中的电流强度。而关于封闭曲线 (Γ) 对应的开放曲面 $S(\Gamma)$ 的选择是具有任意性的。如图 2.1 所示，通过选择同一闭合曲线 (Γ) 对应的两个开放曲面 $S_1(\Gamma)$ 和 $S_2(\Gamma)$，可得到两个不同的环量，以下为具体计算过程。

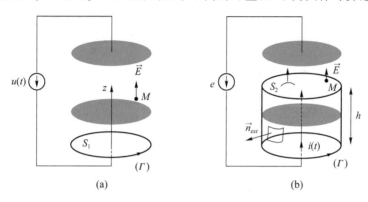

图 2.1　变化态下的电容器

如图 2.1(a)所示，对于第一个开放曲面 $S_1(\Gamma)$ 直接对应于在曲线 (Γ) 平面上的圆面。这种情况下：

$$I_{\mathrm{enl}} = \iint_{S_1} \vec{j} \cdot \mathrm{d}\vec{S} = i(t) \qquad (2.40)$$

故有

$$\oint_{(\Gamma)} \vec{B}(M) \cdot \mathrm{d}\vec{l} = \mu_0 i(t) \qquad (2.41)$$

如图 2.1(b)所示，对于第二个开放曲面 $S_2(\Gamma)$，选择由圆柱侧面 S_l 和一个平行于极板在电容器两极板之间的圆盘 D 构成的曲面作为 S_2。其环绕电流强度为

$$I_{\mathrm{enl}} = \iint_{S_2} \vec{j} \cdot \mathrm{d}\vec{S} = \iint_{S_l} \vec{j} \cdot \mathrm{d}\vec{S} + \iint_{D} \vec{j} \cdot \mathrm{d}\vec{S} \qquad (2.42)$$

该表面的每个点处的体电流密度 $\vec{j}$ 为零，由此推导出 $I_{\mathrm{enl}} = 0$，因此

$$\oint_{(\Gamma)} \vec{B}(M) \cdot \mathrm{d}\vec{l} = 0 \qquad (2.43)$$

可以看出，安培定理沿着同一封闭曲线对应的两个不同曲面的环量的值不同，故安培定理在变化态下不再成立。

麦克斯韦经过分析后认为，在电磁学定律的内部存在完美的对称性。如果法拉第发现的感应定律表明磁通量随时间变化是具有非保守环量的电场 $\vec{E}$ 的源，那么以类比的方式，电通量随时间变化应该也是具有非保守环量的磁场的源。遵循这个想法，下面来研究 $\vec{E}$ 通过两个开放曲面 S_1 和 S_2 的电通量随时间的变化。

由于极板外部电场为零，因此通过 S_1 的电通量为

$$\Phi_e(S_1) = \iint\limits_{S_1} \vec{E} \cdot d\vec{S} = 0 \tag{2.44}$$

由于极板内部电场方向与圆柱侧面 S_l 方向相互垂直，因此通过 S_2 的电通量为

$$\Phi_e(S_2) = \iint\limits_{S_2} \vec{E} \cdot d\vec{S} = \iint\limits_{S_l} \vec{E} \cdot d\vec{S} + \iint\limits_{D} \vec{E} \cdot d\vec{S} = \iint\limits_{D} \vec{E} \cdot d\vec{S} \tag{2.45}$$

已知极板内部电场是匀强的，由此可推出：

$$\Phi_e(S_2) = \iint\limits_{D} \vec{E} \cdot d\vec{S} = \frac{\sigma(t)}{\varepsilon_0} S = \frac{Q(t)}{\varepsilon_0} \tag{2.46}$$

穿过 S_2 的电通量 Φ_e 随时间的变化率为

$$\frac{d\Phi_e(S_2)}{dt} = \frac{1}{\varepsilon_0} \frac{dQ}{dt} = \frac{i(t)}{\varepsilon_0} \Rightarrow i(t) = \varepsilon_0 \frac{d\Phi_e(S_2)}{dt} \tag{2.47}$$

因此，有

$$\mu_0 i(t) = \mu_0 \varepsilon_0 \frac{d\Phi_e(S_2)}{dt} \tag{2.48}$$

由此，重新建立一个不取决于如何选择封闭曲线 (Γ) 对应的曲面 $S(\Gamma)$ 的环路积分表达式：

$$\oint\limits_{(\Gamma)} \vec{B}(M) \cdot d\vec{l} = \mu_0 \left[i(S) + \varepsilon_0 \frac{d\Phi_e(S)}{dt} \right] \tag{2.49}$$

对于表达式 (2.49) 中的每一项都可以理解为表 2.1 中的两种情况。

表 2.1 变化态下电容器内外环路积分情况

曲　面	$\mu_0 i(S)$	$\mu_0 \varepsilon_0 \dfrac{d\Phi_e(S)}{dt}$	$\oint\limits_{(\Gamma)} \vec{B}(M) \cdot d\vec{l}$
S_1	$\mu_0 i(t)$	0	$\mu_0 i(t)$
S_2	0	$\mu_0 i(t)$	$\mu_0 i(t)$

以上推导中并没有去证明麦克斯韦-安培微分方程，而是通过一个平行电容器的例子引入麦克斯韦项的思想。

2.4.3 变化态下安培定理的推广

在变化态下，磁场沿一条闭合曲线 (Γ) 的环量为

$$\oint\limits_{(\Gamma)} \vec{B}(M) \cdot d\vec{l} = \mu_0 \left(\iint\limits_{S(\Gamma)} \vec{j} \cdot d\vec{S} + \varepsilon_0 \frac{d}{dt} \iint\limits_{S(\Gamma)} \vec{E} \cdot d\vec{S} \right) \tag{2.50}$$

证明
已知：

$$\mathbf{rot}\,\vec{B} = \mu_0 \vec{j} + \frac{1}{c^2} \frac{\partial \vec{E}}{\partial t} \Rightarrow \mathbf{rot}\,\vec{B} \cdot d\vec{S} = \mu_0 \left(\vec{j} \cdot d\vec{S} + \varepsilon_0 \frac{\partial \vec{E}}{\partial t} \cdot d\vec{S} \right) \tag{2.51}$$

在伽利略参考系下，对式 (2.51) 求对于任何一个封闭曲线 (Γ) 对应的固定的开放曲面 S 的积分，得

$$\iint\limits_{S(\Gamma)} \mathbf{rot}\,\vec{B} \cdot d\vec{S} = \mu_0 \left(\iint\limits_{S(\Gamma)} \vec{j} \cdot d\vec{S} + \varepsilon_0 \iint\limits_{S(\Gamma)} \frac{\partial \vec{E}}{\partial t} \cdot d\vec{S} \right) \tag{2.52}$$

根据斯托克斯-安培定理,有

$$\iint\limits_{S(\Gamma)} \mathbf{rot}\,\vec{B} \cdot \mathrm{d}\vec{S} = \oint\limits_{(\Gamma)} \vec{B} \cdot \mathrm{d}\vec{l} \tag{2.53}$$

由于平面 $S(\Gamma)$ 是固定的,因此有

$$\iint\limits_{S(\Gamma)} \frac{\partial \vec{E}}{\partial t} \cdot \mathrm{d}\vec{S} = \frac{\mathrm{d}}{\mathrm{d}t} \iint\limits_{S(\Gamma)} \vec{E} \cdot \mathrm{d}\vec{S} = \frac{\mathrm{d}\Phi_e}{\mathrm{d}t} \tag{2.54}$$

由此证明了式(2.50)。该式证明了磁感应强度的环量与两项有关,这两项都与电流强度具有相同的量纲。定义位移电流强度 i_d:

$$i_d = \varepsilon_0\,\frac{\mathrm{d}\Phi_e}{\mathrm{d}t} = \varepsilon_0\,\frac{\mathrm{d}}{\mathrm{d}t} \iint\limits_{S(\Gamma)} \vec{E} \cdot \mathrm{d}\vec{S} \tag{2.55}$$

位移体电流密度矢量记作 $\vec{j}_d$,则有

$$\vec{j}_d = \varepsilon_0\,\frac{\partial \vec{E}}{\partial t} \tag{2.56}$$

因此,麦克斯韦-安培方程 $\mathbf{rot}\,\vec{B} = \mu_0(\vec{j} + \vec{j}_d)$ 涉及两个电流体密度矢量(传导体电流密度矢量 $\vec{j}$ 和位移体电流密度矢量 $\vec{j}_d$)。

也可以说,安培定理扩展到变化态情况下涉及两个环绕电流强度,即传导电流强度 i_c 和位移电流强度 i_d:

$$\oint\limits_{(\Gamma)} \vec{B}(M) \cdot \mathrm{d}\vec{l} = \mu_0 \left[i_c(t) + i_d(t) \right] \tag{2.57}$$

注意

与传导电流不同,位移电流其实不涉及任何宏观上电荷的移动,它是麦克斯韦为了更正电磁学规律而引入的物理术语,是为了说明电场随时间的变化与传导电流一样,构成了一个随时间和空间变化的磁场的源。

2.4.4　与麦克斯韦-安培方程相关的边值关系

承认与磁场的切向分量相关的边值关系,无论是否在稳态条件下,都有相同的形式表达式。磁场 $\vec{B}(M,t)$ 切向分量在穿过电流曲面 J 时是不连续的,不连续关系表示为

$$\vec{B}_{T_2}(M,t) - \vec{B}_{T_1}(M,t) = \mu_0\,\vec{j}_s(M,t) \wedge \vec{n}_{12}, \quad \forall M \in J \tag{2.58}$$

其中,$\vec{j}_s$ 是面电流密度矢量。

式(2.58)取代了存在通电电流交界面处的任意一点 M 处的麦克斯韦-安培方程。

说明

实际上,如果已知 $\vec{B}_{T_1}(M,t)$ 和 $\vec{B}_{T_2}(M,t)$,可以通过式(2.58)获得界面 J 上每个点 M 处的面电流密度矢量 $\vec{j}_s$。

2.5 麦克斯韦之前的电磁场定律回顾

2.5.1 准稳态近似条件(ARQS)

1. 位移电流和麦克斯韦当时的实验技术

位移电流最初是由麦克斯韦作为理论研究而引入的物理量。从实验角度来看,这个位移电流不容易被测得,是因为它强度太弱,很容易被电路中的传导电流掩盖。为了深入研究这一问题,选择工作在正弦受迫态下的欧姆导体,观察导体内部的位移电流相对于传导电流不可忽略的极限角频率 ω^*。在这种情况下,场的表达式都可以用以下形式表示:

$$\vec{X} = \underline{\vec{X}}_m \exp(i\omega t) \tag{2.59}$$

欧姆导体中的位移体电流密度与传导体电流密度比较起来如果可以认为忽略不计,则有

$$|\vec{j}_d| \ll |\vec{j}c| \Leftrightarrow \varepsilon_0 \left| \frac{\partial \vec{E}}{\partial t} \right| \ll |\gamma \vec{E}| \Leftrightarrow \varepsilon_0 \omega |\vec{E}| \ll |\gamma \vec{E}| \tag{2.60}$$

这个结果应该对任意外加电场都成立,可推出位移电流可被忽略的条件为

$$\omega \ll \omega^* = \frac{\gamma}{\varepsilon_0} \tag{2.61}$$

对于常见的金属,电导率 $\gamma \sim 10^7$ S·m^{-1},对应极限角频率 $\omega^* \sim 10^{18}$ rad·s^{-1}。极限角频率实际没有如此之高,因为在高频状态下,还应该考虑电导率 γ 受频率的影响。所以一般极限角频率数值 $\omega^* \sim 10^{16}$ rad·s^{-1}。

事实上,在19世纪中叶掌握的高频实验技术不足以获得如此高频率的电流,因此导致位移电流项被当时的研究者忽略了。直到1888年赫兹实验验证电磁波的传播才无可置疑地证实了位移电流的存在。这些实验是电磁学发展史上最基础的实验,也正是这些最基础的实验证实了麦克斯韦方程的科学性和完整性。

2. 准稳态近似下的麦克斯韦方程组

根据前面内容的学习,已知在低频情况下,导体中的位移电流相比传导电流可忽略。在此条件下,麦克斯韦方程组可写为

$$\begin{aligned} \operatorname{div}\vec{E} &= \frac{\rho}{\varepsilon_0} \\[4pt] \operatorname{div}\vec{B} &= 0 \\[4pt] \mathbf{rot}\,\vec{E} &= -\frac{\partial \vec{B}}{\partial t} \\[4pt] \mathbf{rot}\,\vec{B} &\approx \mu_0 \vec{j} \end{aligned} \tag{2.62}$$

位移电流的引入是为了确保在变化态下麦克斯韦方程组和电荷守恒的兼容性。如果忽略位移电流,即可以认为忽略 $\frac{\partial \rho}{\partial t}$ 项。因此,在准稳态近似条件(ARQS)下,都有

$$\text{div}\,\vec{j} \approx 0 \tag{2.63}$$

式(2.63)说明在准稳态近似条件下流经电路各支路上的电流都是相等的。

由式(2.62)可以看出,在准稳态近似情况下的麦克斯韦方程组中,磁场满足的微分关系与稳态情况下的完全一致,只不过磁场现在是时间的函数。根据亥姆霍兹定理,确定的磁场的散度和旋度 $\text{div}\,\vec{B}$ 和 $\text{rot}\,\vec{B}$ 关系即可确定唯一的磁场,这一磁场表达式与稳态下静磁场结果完全一致。所以,可以说在准稳态近似中,毕奥-萨法尔定律和安培定理仍然有效。

$$\vec{B}(M,t) = \frac{\mu_0}{4\pi}\int_L \frac{i(t)\,\text{d}\vec{l} \wedge \overrightarrow{PM}}{PM^3}; \quad \oint_{(\Gamma)} \vec{B}(M,t)\cdot \text{d}\vec{l} = \mu_0 I_{\text{enl}} \tag{2.64}$$

在准稳态近似下,沿轴线 $z'z$ 方向分布的无限长螺线管,通以大小为 $i(t)$ 的电流强度,单位长度上有 n 匝线圈,所产生的磁场的计算与静磁场计算方式相同,大小为 $\vec{B}_0(t) = \mu_0 \cdot n \cdot i(t)\vec{u}_z$。这就解释了为什么在低频条件下,螺线管内部磁场在通以不同电流强度时都具有空间均匀性,即常说的匀强磁场。

从更严谨的角度分析,根据麦克斯韦-法拉第电磁感应定律可得到,随时间变化的磁场 $\vec{B}_0(t)$ 产生的电场 $\vec{E}_1(M,t)$,再根据麦克斯韦-安培定律创造了一个随时间与空间变化的磁场 $\vec{B}_1(t)$,总的磁场将会是以上两个磁场的叠加。而且磁场 $\vec{B}_1(t)$ 继续产生电场 $\vec{E}_2(M,t)$,以此类推 t 时刻空间 M 点处的总电磁场可表示为

$$\vec{B}(M,t) = \sum_{i=0}^{+\infty} \vec{B}_i(M,t); \quad \vec{E}(M,t) = \sum_{i=1}^{+\infty} \vec{E}_i(M,t) \tag{2.65}$$

式(2.65)是麦克斯韦方程在准稳态近似情况下的解。在描述电磁场的电场部分时,准稳态近似条件下的麦克斯韦方程组不同于静态下的麦克斯韦方程组。但是需要特别提到的是,由麦克斯韦-法拉第微分方程可以看出准稳态近似还是包含了电磁感应现象的。

2.5.2　电学准稳态近似

在前面研究电容器中的电磁场问题时,认为在低频条件下电场具有与在稳态下同样的表达式。麦克斯韦方程组在准稳态近似条件下可写成如下形式:

$$\text{div}\,\vec{E} = \frac{\rho}{\varepsilon_0}; \quad \text{div}\,\vec{B} = 0; \quad \text{rot}\,\vec{E} = \vec{0}; \quad \text{rot}\,\vec{B} \approx \mu_0 \vec{j}, \quad \text{div}\,\vec{j} \approx 0 \tag{2.66}$$

但是,已知在低频情况下,与研究电路中的导体周围的电磁场不同,由于电容器中的电荷会在电容器极板上聚集,因此 $\frac{\partial \rho}{\partial t}$ 这一项不能被忽略,这使得 $\text{div}\,\vec{j} \approx 0$ 这一近似不再成立。故在研究电容器中电磁场时,有必要考虑位移电流这一项。

举一个常见的例子:准稳态近似情况下,通以低频电流的螺线管中电磁场研究应该被看作是对通直流电流产生的静磁场的一个干扰,螺线管中磁场的场源为电流。在这种情况下,电流比电荷对磁场的干扰更加明显,电流引起的场效应占据主导地位。

而对通以低频电压的电容器中的电场的研究应该被解释为对通直流电压产生的静电场的干扰,电场源是固定的电荷分布。在这种情况下,电荷对电场的干扰更加明显,电荷引起的场效应占据主导地位。

从以上两种情况出发,可以认为存在关于电磁学的两个准稳态近似。

① 磁学准稳态近似。在这种近似下,传导电流效应占主导地位,对应麦克斯韦微分公式可写为

$$\text{div}\,\vec{E} = \frac{\rho}{\varepsilon_0} \; ; \quad \text{div}\,\vec{B} = 0; \quad \text{rot}\,\vec{E} = -\frac{\partial \vec{B}}{\partial t}; \quad \text{rot}\,\vec{B} \approx \mu_0\,\vec{j} \tag{2.67}$$

② 电学准稳态近似。在这种近似下,电荷积累效应占主导地位,对应麦克斯韦微分公式可写为

$$\text{div}\,\vec{E} = \frac{\rho}{\varepsilon_0} \; ; \quad \text{div}\,\vec{B} = 0; \quad \text{rot}\,\vec{E} \approx 0; \quad \text{rot}\,\vec{B} = \mu_0\,\vec{j} + \frac{1}{c^2}\frac{\partial \vec{E}}{\partial t} \tag{2.68}$$

在电学准稳态近似条件下,关于描述电场的微分方程表达式与静电学的情况相同。根据亥姆霍兹定理,可推导得出:所有静电学的定理都可以扩展到缓慢变化态。

2.6   电磁场的能量

与其他物质系统一样,电磁场同样存在动量、能量和动量矩,但是对动量和动量矩的研究超出了大纲要求范围,这里不再说明。在"电磁学基础"课程的学习中观察到一些电路元件,比如电容器和电感,它们可以储存电场能和磁场能。电磁场的能量也可以通过一定形式转换成其他形式的能量,比如通过电动机做功转化为机械能,或者在电阻中通过焦耳效应变成热能等。

2.6.1   电磁场能量守恒积分形式

假设在伽利略参考系中,电磁场能量包含在一个体积为 V 的固定不动的空间中。为了更加具体化,假定这个体积 V 处于两端电压随时间变化的电容器的内部。

分别记 $U_{em}(t)$ 和 $U_{em}(t+dt)$ 为电磁场在时间 t 和 $t+dt$ 时刻的能量。电磁场能量的变化 $dU_{em}=U_{em}(t+dt)-U_{em}(t)$ 来自两个方面的贡献:

① 位于体积 V 内的电磁场源,在 dt 时间内,$d\tau$ 体积内产生或吸收的能量(代数量)记为

$$\delta^2 U_{\text{source}} = \sigma d\tau dt \tag{2.69}$$

其中,σ 是电磁场源发出或吸收功率的体积密度。如果 $\sigma>0$,理解为电磁场从这个场源吸收能量;如果 $\sigma<0$,理解为这个场源吸收空间体积 V 中电磁场的能量。

场源在体积 V 中产生或吸收能量的积分表达式为

$$\delta U_{\text{source}} = \iiint\limits_{V} \sigma(M,t)d\tau dt \tag{2.70}$$

② 穿过体积 V 对应的封闭曲面 Σ 的能量流,记为

$$\delta U_{\text{ray}}(t) = \Phi(t)dt = -\oiint\limits_{\Sigma} \vec{R} \cdot d\vec{S}_{\text{ext}} dt \tag{2.71}$$

其中,$d\vec{S}_{\text{ext}}$ 表示体积 V 对应封闭曲面上面元矢量,方向由内指向外;$\vec{R}$ 代表电磁场能量流密度矢量,表示单位时间穿过单位面积的电磁场能量。

说明

穿过曲面的能量流对应的功率通常称为"辐射功率",记作 $P_{\text{ray}} = \dfrac{\delta U_{\text{ray}}(t)}{\mathrm{d}t}$。正如将在后面要证明的,根据麦克斯韦方程组可以得出电磁波可以在空间中传播,类似于光在空间传播,空间中的物质会收到光的辐射一样,电磁波携带着能量也会在空间中产生辐射,在这个层面上讲,电磁波在传播过程中存在"辐射"。但其实即便是非变化态情况下,电磁场的能量流也是可以被观察到的,也就是说不管是否有电磁波存在,辐射都是会被观察到的。因此这里沿用"辐射"这个词。

另外,如果 $\vec{R}$ 和 $\mathrm{d}\vec{S}_{\text{ext}}$ 满足 $\vec{R} \cdot \mathrm{d}\vec{S}_{\text{ext}} > 0$,能量流实际上是流出的,体积 V 中包含的电磁场能量减少;如果 $\vec{R}$ 和 $\mathrm{d}\vec{S}_{\text{ext}}$ 满足 $\vec{R} \cdot \mathrm{d}\vec{S}_{\text{ext}} < 0$,能量流实际上是流入的,体积 V 中包含的电磁场能量增加。

根据上述两点对电磁场能量的贡献,包含在空间任意一个固定体积 V 中的电磁场能量变化可表示为

$$\frac{\mathrm{d}U_{\text{em}}}{\mathrm{d}t} = -\oiint_{\Sigma} \vec{R} \cdot \mathrm{d}\vec{S}_{\text{ext}} + \iiint_{V} \sigma \mathrm{d}\tau \tag{2.72}$$

在表达式(2.72)中,U_{em},$\vec{R}$ 和 σ 分别代表给定 t 时刻体积 V 中电磁场的能量,通过体积 V 对应的封闭曲面的能流密度矢量和电磁场接收的来自体积 V 内部场源功率体密度(代数量)。

2.6.2　电磁场能量守恒微分形式

电磁场的能量守恒方程可通过以下微分公式表示:

$$\frac{\partial w_{\text{em}}}{\partial t} = -\operatorname{div}\vec{R} + \sigma \tag{2.73}$$

其中,w_{em} 是电磁场能量体密度,单位为 $\mathrm{J \cdot m^{-3}}$;电磁场能流密度矢量 $\vec{R}$ 的单位为 $\mathrm{W \cdot m^{-2}}$。

证明

从等式(2.72)出发,记 $w_{\text{em}}(M, t)$ 为 t 时刻空间中的任何点 M 处的电磁场能量体密度(M 处于体积元 $\mathrm{d}\tau$ 中心)。体积 V 中电磁场能量 U_{em} 和能量体密度 w_{em} 可用以下积分关系表示:

$$U_{\text{em}}(t) = \iiint_{V} w_{\text{em}}(M, t) \mathrm{d}\tau \tag{2.74}$$

由于 V 是一个固定的空间体积,因此有

$$\frac{\mathrm{d}U_{\text{em}}}{\mathrm{d}t} = \frac{\mathrm{d}}{\mathrm{d}t} \iiint_{V} w_{\text{em}}(M, t) \mathrm{d}\tau = \iiint_{V} \frac{\partial w_{\text{em}}(M, t)}{\partial t} \mathrm{d}\tau \tag{2.75}$$

根据数学上的高斯散度定理,有

$$\oiint_{\Sigma} \vec{R} \cdot \mathrm{d}\vec{S} = \iiint_{V} \operatorname{div}\vec{R} \mathrm{d}\tau \tag{2.76}$$

因此,可将式(2.72)改写为

$$\iiint_{V} \frac{\partial w_{\text{em}}(M, t)}{\partial t} \mathrm{d}\tau + \iiint_{V} \operatorname{div}\vec{R} \mathrm{d}\tau = \iiint_{V} \sigma \mathrm{d}\tau \tag{2.77}$$

积分关系式(2.77)对任何体积 V 都有效,由此可推出:

$$\frac{\partial w_{em}}{\partial t} = -\,\mathrm{div}\,\vec{R} + \sigma \tag{2.78}$$

图 2.2 说明了微分方程(2.73)的物理含义,为了简单起见,图中仅描述了 $\sigma = 0$ 的情况。对于围绕点 M 的体积元,当 $\mathrm{div}\,\vec{R} > 0$ 时,体积元中电磁场能量减小,场线从 M 点开始发散;当 $\mathrm{div}\,\vec{R} < 0$ 时,体积元中电磁场能量增加,场线向 M 点汇聚。

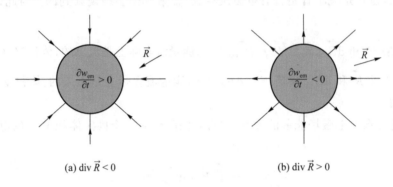

(a) $\mathrm{div}\,\vec{R} < 0$ (b) $\mathrm{div}\,\vec{R} > 0$

图 2.2   电磁场能量分析图解(无源情况下)

以上对电磁场能量分析的积分和微分方法具有普遍性,并不特定于电磁学。事实上,对所有非保守性的广延量 $A(t)$(对应能量体密度记为 $a(M,t)$)的分析都可以用类比的方式分别以积分和微分的方式表达:

$$积分形式: \frac{\mathrm{d}A}{\mathrm{d}t} = -\oiint_{\Sigma} \vec{j_A} \cdot \mathrm{d}\vec{S}_{ext} + \iiint_V \sigma_A \mathrm{d}\tau \tag{2.79}$$

$$微分形式: \frac{\partial a}{\partial t} = -\,\mathrm{div}\,\vec{j_A} + \sigma_A \tag{2.80}$$

下面确定电磁场能量守恒方程中的能量体密度 w_{em}、能流密度矢量 $\vec{R}$ 和场源功率体密度 σ 的具体表达式。

2.6.3   坡印廷定理

1. 坡印廷定理微分形式

下面根据麦克斯韦方程组确定电磁场能量体密度 w_{em}、能流密度矢量 $\vec{R}$ 和场源功率体密度 σ 的具体表达式。麦克斯韦-安培方程左右两边点乘电场强度矢量,可得

$$\mathbf{rot}\,\vec{B} = \mu_0\,\vec{j} + \frac{1}{c^2}\,\frac{\partial \vec{E}}{\partial t} \Leftrightarrow \mathbf{rot}\,\vec{B} \cdot \vec{E} = \mu_0\,\vec{j} \cdot \vec{E} + \varepsilon_0\mu_0\,\frac{\partial \vec{E}}{\partial t} \cdot \vec{E} \tag{2.81}$$

已知对于两个有定义且可微的矢量 $\vec{A}$ 和 $\vec{B}$ 有 $\mathrm{div}(\vec{A} \wedge \vec{B}) = \vec{B} \cdot \mathbf{rot}\,\vec{A} - \vec{A} \cdot \mathbf{rot}\,\vec{B}$,由此可推出:

$$-\,\mathrm{div}(\vec{E} \wedge \vec{B}) + \vec{B} \cdot \mathbf{rot}\,\vec{E} = \mu_0\,\vec{j} \cdot \vec{E} + \mu_0\,\frac{\partial}{\partial t}\left(\varepsilon_0\,\frac{\vec{E}^2}{2}\right) \tag{2.82}$$

再根据由麦克斯韦-法拉第方程,可得

$$- \operatorname{div}\left(\frac{\vec{E} \wedge \vec{B}}{\mu_0}\right) - \frac{\vec{B}}{\mu_0} \cdot \frac{\partial \vec{B}}{\partial t} = \vec{j} \cdot \vec{E} + \frac{\partial}{\partial t}\left(\varepsilon_0 \frac{\vec{E}^2}{2}\right) \tag{2.83}$$

$$\Rightarrow \frac{\partial}{\partial t}\left(\varepsilon_0 \frac{\vec{E}^2}{2} + \frac{\vec{B}^2}{2\mu_0}\right) = -\operatorname{div}\left(\frac{\vec{E} \wedge \vec{B}}{\mu_0}\right) - \vec{j} \cdot \vec{E}$$

式(2.83)通过与式(2.73)$\dfrac{\partial w_{em}}{\partial t} = -\operatorname{div}\vec{R} + \sigma$ 比较,可以将电磁场能量体密度 w_{em}、能流密度矢量 $\vec{R}$ 和场源功率体密度 σ 分别对应为

$$w_{em} = \varepsilon_0 \frac{\vec{E}^2}{2} + \frac{\vec{B}^2}{2\mu_0}; \quad \vec{R} = \frac{\vec{E} \wedge \vec{B}}{\mu_0}; \quad \sigma = -\vec{j} \cdot \vec{E} \tag{2.84}$$

式(2.84)即为电磁场能量守恒微分方程,也被称为坡印廷定理,其微分表达式为

$$\frac{\partial w_{em}}{\partial t} = -\operatorname{div}\vec{R} + \sigma \tag{2.85}$$

其中,

$$w_{em} = \varepsilon_0 \frac{\vec{E}^2}{2} + \frac{\vec{B}^2}{2\mu_0}; \quad \vec{R} = \frac{\vec{E} \wedge \vec{B}}{\mu_0}; \quad \sigma = -\vec{j} \cdot \vec{E} \tag{2.86}$$

$\vec{R} = \dfrac{\vec{E} \wedge \vec{B}}{\mu_0}$ 称之为坡印廷矢量,即电磁场能量流面密度,单位是 $W \cdot m^{-2}$。

通过积分,可以得到空间任意固定不动体积 V 上电磁场能量守恒积分公式(坡印廷定理积分形式):

$$\iiint\limits_{V} \frac{\partial}{\partial t}\left(\varepsilon_0 \frac{\vec{E}^2}{2} + \frac{\vec{B}^2}{2\mu_0}\right)d\tau = -\oiint\limits_{\Sigma} \vec{R} \cdot d\vec{S}_{ext} - \iiint\limits_{V} \vec{j} \cdot \vec{E}d\tau \tag{2.87}$$

2. 场　源

坡印廷定理给出了空间体积 V 中电磁场场源功率体密度的表达式:

$$\sigma = -\vec{j} \cdot \vec{E} \tag{2.88}$$

下面将证明这个功率体密度与空间局部处电磁场和带电物质的相互作用有关。

设 $d\tau$ 为空间中以点 M 为中心的体积元,此体积元包含电荷量 $dq = \rho d\tau$,在空间中运动速度为 $\vec{v}$,点 M 处存在电磁场($\vec{E}, \vec{B}$)。由电磁场产生的洛伦兹力对电荷 dq 在 dt 时间内的做功为

$$\delta W_{c \to m} = dq(\vec{E} + \vec{v} \wedge \vec{B}) \cdot d\vec{l} = \rho(\vec{E} + \vec{v} \wedge \vec{B}) \cdot \vec{v}d\tau dt = \rho\vec{v} \cdot \vec{E}d\tau dt \tag{2.89}$$

根据体电流密度矢量的定义 $\vec{j} = \rho\vec{v}$,可导出:

$$\delta W_{c \to m} = \vec{j} \cdot \vec{E}d\tau dt = -\delta W_{m \to c} \tag{2.90}$$

其中,$\delta W_{c \to m}$ 表示电磁场对电荷做的元功;$\delta W_{m \to c}$ 表示电荷对电磁场做的元功;$\vec{j} \cdot \vec{E}$ 表示导电体从电磁场($\vec{E}, \vec{B}$)中吸收功率的体密度,它的量纲为 $W \cdot m^{-3}$。

说明

关于这个问题的解释并不是那么简单。严格来说,计算电磁场对电荷引起的洛伦兹力对电荷做功不是 M 点处的总电磁场($\vec{E}$,$\vec{B}$),而指的是电荷外电磁场。须注意这两者之间的差别,总电磁场是运动电荷产生的电磁场和外电磁场之和。

2.6.4 欧姆导体中的耗散功率

已知欧姆导体满足欧姆定律,其微分形式为 $\vec{j} = \gamma \vec{E}$,其中 γ 是导体电导率,单位是 $S \cdot m^{-1}$。在电导率为 γ,体积为 V 的欧姆导体中由焦耳效应耗散的功率为

$$P_J = \iiint\limits_V \vec{j} \cdot \vec{E} \, d\tau = \iiint\limits_V \gamma \vec{E}^2 d\tau \tag{2.91}$$

这是导电介质从电磁场中吸收的功率。根据波印廷定理可知,电磁场与空间中导体相互作用时,导体会吸收电磁场能量,使空间中电磁场能量减小。

在稳态情况下研究欧姆导体中电磁场和坡印廷矢量时,可以认为加载在欧姆导体两端的电压和电流可以通过欧姆导体的侧壁将电磁场能量转移到欧姆导体内部。虽然在稳态情况下没有电磁波的传播,但是利用坡印廷定理分析电磁场能量在导体中的变化,电磁场与导体相互作用,以及欧姆导体中产生的焦耳热效应与电磁场能量守恒方程相吻合,这样的研究结果与第 3 章将要学习的变化态下导体当中的电磁场能量变化结论几乎一致。

2.6.5 补充知识

1. (w_{em},$\vec{R}$)的不唯一性

下面将使用电磁场能量体密度和坡印廷矢量(w_{em},$\vec{R}$)这组变量来描述电磁场能量变化的微分关系。坡印廷定理微分方程只给出坡印廷矢量散度的表达式,而且对于 $\mathrm{div}\vec{R}$ 有物理上的解释,但它的旋度 $\mathbf{rot}\vec{R}$ 的值并没有被描述。在这样的情况下,根据亥姆霍兹-霍奇定理可知,存在无穷多个具有相同散度的值 $\vec{R}$。从这个角度来看,选择一个特定的 $\mathbf{rot}\vec{R}$ 值又回到像之前学习磁矢势一样,需要选择一个规范。下面以练习 2.3 为例来深入研究这一问题。

练习 2.3 坡印廷规范

设电磁场能量体密度和坡印廷矢量(w_{em},$\vec{R}$)是一组满足坡印廷定理微分方程的物理量。(w'_{em},$\vec{R}'$)为另一组新定义的物理量,且满足以下关系:

$$\vec{R}' = \vec{R} + \mathbf{rot}\vec{X} + \frac{\partial \vec{Y}}{\partial t} \text{ 和 } w'_{em} = w_{em} - \mathrm{div}\vec{Y} \tag{2.92}$$

其中,$\vec{X}$ 和 $\vec{Y}$ 是任意两个有定义且可微的矢量场。证明(w_{em}',$\vec{R}'$)也是坡印廷定理中微分方程的解。

练习 2.3 通过简单的数学推导是非常容易证明的,这一证明说明满足的电磁场守恒方程的物理里不仅仅只有(w_{em},$\vec{R}$),而是有无限多种解,这里给出坡印廷规范,即(w_{em},$\vec{R}$)耦合

满足：

$$w_{em} = \varepsilon_0 \frac{\vec{E}^2}{2} + \frac{\vec{B}^2}{2\mu_0} \quad 和 \quad \vec{R} = \frac{\vec{E} \wedge \vec{B}}{\mu_0}$$

当前的坡印廷规范符合很多电磁场实验现象，所以它是一个被广泛认可的电磁场能量的规范。实际上，对电磁场能量的描述的规范并不是单一的，所有与 $(w_{em}, \vec{R})$ 相关的 $(w'_{em}, \vec{R}')$ 的耦合满足：

$$\vec{R}' = \vec{R} + \mathbf{rot}\vec{X} + \frac{\partial \vec{Y}}{\partial t}; \quad w'_{em} = w_{em} - \mathrm{div}\vec{Y} \tag{2.93}$$

$\vec{R}'$ 和 w'_{em} 都是坡印廷定理微分方程的解，并且描述了电磁场能量的特性。比如这里给出一个 Slepian-lai 规范：

$$\vec{R}^{SL} = \vec{R} + \frac{1}{\mu_0}\mathbf{rot}(V\vec{B}) \quad 和 \quad w_{em}^{BL} = w_{em} \tag{2.94}$$

另外，还有一个由 Mac Donald 定义的规范：

$$\vec{R}^{SL} = \vec{R} + \frac{1}{2\mu_0}\mathbf{rot}(V\vec{B}); \quad w_{em}^{MD} = w_{em} - \frac{1}{2\mu_0}\mathrm{div}(\vec{A} \wedge \vec{B}) \tag{2.95}$$

上述坡印廷提出的关于 $\vec{R}$ 和 w_{em} 函数表达式的规范，不仅可以是电磁场 $(\vec{E}, \vec{B})$ 的函数，还可以是电磁场势 $(V, \vec{A})$ 的函数。选择以电磁场 $(\vec{E}, \vec{B})$ 为变量的坡印廷规范的一个主要原因是这个规范涉及的电磁场能量特别适合描述后面即将学习的电磁场能量的传播问题。

2. 正弦机制下能量平均值

在非稳态情况下，无论是电子学中的电压、电流，还是力学中的受迫振动，正弦变化态是研究最多的情况，后面研究电磁波的传播也是一样。在实际应用中，物理量随时间变化太快，研究物理量的平均值比瞬时值更有价值。本小节将介绍计算描述正弦电磁场的物理量的平均值的方法。

函数 $f(t)$ 的时间平均值定义：

$$\langle f \rangle = \lim_{T \to +\infty} \frac{1}{T} \int_0^T f(t)\mathrm{d}t \tag{2.96}$$

在周期为 T 的周期函数的特殊情况下：

$$\langle f \rangle = \frac{1}{T} \int_0^T f(t)\mathrm{d}t. \tag{2.97}$$

下面使用在"电磁学基础"课程中学习的在正弦模式下的电功率的结果。如果电压和电流分别表示为 $u(t) = u_m\cos(\omega t), i(t) = i_m\cos(\omega t + \varphi)$，则平均功率的计算式写作：

$$\langle P \rangle = \langle u \times i \rangle = \frac{1}{2}u_m \cdot i_m\cos(\varphi) \tag{2.98}$$

正弦态机制下，利用复表示计算也有其优点，电压和电流的复表示分别写为

$$\underline{u} = u_m\exp(j\omega t); \quad \underline{i} = i_m\exp[j(\omega t + \varphi)] \tag{2.99}$$

可以通过以下复表示的公式来简便地计算:

$$\langle P \rangle = \langle u \times i \rangle = \frac{1}{2}\mathrm{Re}\left(\underline{u}^* \times \underline{i}\right) = \frac{1}{2}\mathrm{Re}\left(\underline{u} \times \underline{i}*\right) \tag{2.100}$$

事实上,也可以验证以下结果:

$$\frac{1}{2}\mathrm{Re}(\underline{u}^* \times \underline{i}) = \frac{1}{2}u_\mathrm{m}i_\mathrm{m}\mathrm{Re}\{\exp(-j\omega t) \times \exp[j(\omega t + \varphi)]\}$$

$$= \frac{1}{2}u_\mathrm{m}i_\mathrm{m}\mathrm{Re}[\exp(j\varphi)]$$

$$= \frac{1}{2}u_\mathrm{m}i_\mathrm{m}\cos\varphi$$

所以有

$$\frac{1}{2}\mathrm{Re}\left(\underline{u}^* \times \underline{i}\right) = \langle P \rangle \tag{2.101}$$

同理,

$$\frac{1}{2}\mathrm{Re}(\underline{u} \times \underline{i}^*) = \frac{1}{2}u_\mathrm{m} \cdot i_\mathrm{m}\mathrm{Re}\{\exp(j\omega t) \times \exp[-j(\omega t + \varphi)]\}$$

$$= \frac{1}{2}u_\mathrm{m} \cdot i_\mathrm{m}\mathrm{Re}[\exp(-j\varphi)]$$

$$= \frac{1}{2}u_\mathrm{m} \cdot i_\mathrm{m}\cos\varphi$$

所以有

$$\frac{1}{2}\mathrm{Re}\left(\underline{u} \times \underline{i}^*\right) = \langle P \rangle \tag{2.102}$$

因此,可作如下推广:

设两个有相同角频率的实表示的简谐场 $a(M,t)$ 和 $b(M,t)$,它们的复表示分别写为

$$\underline{a}(M,t) = \underline{A}(M)\exp(j\omega t); \quad \underline{b}(M,t) = \underline{B}(M)\exp(j\omega t) \tag{2.103}$$

$\langle a \cdot b \rangle$ 的时间平均值计算公式如下:

$$\langle a \cdot b \rangle = \frac{1}{2}\mathrm{Re}\left(\underline{a}^* \cdot \underline{b}\right) = \frac{1}{2}\mathrm{Re}\left(\underline{a} \cdot \underline{b}^*\right) \tag{2.104}$$

由此,可以在技术层面上推导出一种计算坡印廷矢量平均值 $\langle \vec{R} \rangle$ 或由电流分布从电磁场吸收的功率体密度平均值 $\langle \vec{j} \cdot \vec{E} \rangle$ 的方法。

在正弦机制下,设电磁场复表示为 $\underline{\vec{E}} = \underline{\vec{E}}(M)\exp(j\omega t)$ 和 $\underline{\vec{B}} = \underline{\vec{B}}(M)\exp(j\omega t)$,则对应坡印廷矢量计算式为

$$\langle \vec{R} \rangle = \frac{1}{2}\mathrm{Re}\left(\frac{\underline{\vec{E}}^* \wedge \underline{\vec{B}}}{\mu_0}\right) = \frac{1}{2}\mathrm{Re}\left(\frac{\underline{\vec{E}} \wedge \underline{\vec{B}}^*}{\mu_0}\right) \tag{2.105}$$

类似地,电流分布从电磁场吸收的功率体密度平均值为

$$\langle \vec{j} \cdot \vec{E} \rangle = \frac{1}{2}\mathrm{Re}\left(\underline{\vec{j}}^* \cdot \underline{\vec{E}}\right) = \frac{1}{2}\mathrm{Re}\left(\underline{\vec{j}} \cdot \underline{\vec{E}}^*\right) \tag{2.106}$$

习 题

2-1 电磁感应加热金属棒

电磁感应原理在生产和生活中有很多应用,比如电磁炉、发电机、变压器、感应焊接和成型等。本习题研究利用电磁感应原理给金属棒加热的一种简单应用,电磁感应加热金属棒见图 2.3。

假定无线长通电螺线管内产生一均匀磁场,其磁场随时间变化形式为

图 2.3 电磁感应加热金属棒

$$\vec{B}(t) = B_0 \cos(\omega t)\vec{u_z}$$

其中,B_0 为磁场强度振幅;ω 为电场变化角频率。

一电导率为 γ,半径 a,长 $l \gg a$ 的金属棒沿 Oz 轴方向置于此磁场中。如忽略所有边界效应,根据电场的对称性和不变性分析,得出感应电场的形式为

$$\vec{E}(M,t) = E(r,t)\vec{u_\theta}$$

(1) 应用法拉第电磁感应定律求感应电场具体表达式;

(2) 给出体积为 V 的金属棒中产生的焦耳热功率瞬时值:

$$P(t) = \iiint\limits_{V} \vec{j} \cdot \vec{E} \, d\tau$$

求圆柱体金属棒中产生焦耳热功率的平均值 $\langle P(t) \rangle$;

2-2 时变态螺线管中的电磁场

如图 2.4 所示,研究以 Oz 轴为对称轴,匝数为 N,截面半径为 a,通以时变电流 $i(t)$ 的螺线管。螺线管长度 $l \gg a$,忽略边界效应,此螺线管可近似看作无限长螺线管。记单位长度匝数 $n = N/l$,在磁学准稳态近似条件下研究此问题,螺线管中磁感应强度与静磁学中无限长螺线管磁感应强度结果相同。

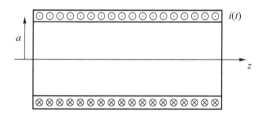

图 2.4 时变态通电螺线管

(1) 求螺线管中磁感应强度 $\vec{B}(M,t)$;

(2) 求螺线管中感应电场强度 $\vec{E}(M,t)$;

(3) 螺线管中通电电流随时间以余弦形式变化为 $i(t) = i_m \cos(\omega t)$,求螺线管中的磁场能体密度 $u_{mag}(M,t)$ 和电场能体密度 $u_e(M,t)$,如果 $a \ll \lambda = c \dfrac{2\pi}{\omega}$,其中 c 表示真空中光的传播

速度,求$\langle u_e \rangle / \langle u_{mag} \rangle$;

(4) 求 $r = a$ 处的坡印廷矢量 $\vec{\pi}(a, t)$;

(5) 求电磁场能量的瞬时值 $U_{em}(t)$;

(6) 求螺线管的自感系数 L。

第 3 章　导体中电磁波的传播

本章将详细介绍非稳态情况下电磁场($\vec{E},\vec{B}$)与金属导体相互作用后电磁场和导体物理属性的变化。这在现实生活中有很多重要的应用,例如:金属波导管、微波炉加热、电磁屏蔽等。通过本章的学习,可以了解到电磁波与导体作用之后,导体内部场如何变化;如何选择微波炉内壁材料以避免电磁泄漏;电磁场频率对导体物理属性有何影响。

本章首先重点分析场频率对导体物理属性的影响;其次,研究金属导体中的准稳态近似条件;再次,学习导体中的电磁波传播特性,并且将证明电磁场只能进入导体内的一个特征深度以内,它的厚度很小,故称之为"趋肤深度"。在最后一部分,将研究趋肤效应最显著的理想导体模型。

3.1　频率对导体物理性质的影响

3.1.1　简谐态下的欧姆定律

本小节主要介绍随着时间变化的电磁场中导体的导电特性。

在"电磁场基础"课程中研究过,当电磁场是静态场或极低频振荡场情况下,局部欧姆定律 $\vec{j}=\gamma\vec{E}$ 成立。那么这个定律在高频变化态下还成立吗?

导体介质中的麦克斯韦方程组一般为线性方程组,研究导体中电磁波的传播可以首先研究导体对角频率为 w 的谐波(或正弦波)场的响应,根据线性微分方程组的解满足叠加原理,再借助傅里叶变换,可将不同频率对应的谐波场下的响应叠加,从而可以推导出任何变化(即非正弦波)场下导体对电磁场的响应。

1. 德鲁德模型

首先回忆"电磁学基础"学习过的导体中的德鲁德模型,其主要假设有以下几点:

① 导体中的电子,其体密度为 n,它们之间没有相互作用,可以被视为独立粒子,称之为自由电子;

② 自由电子与晶格中离子之间除了相互之间的碰撞没有其他作用力;

③ 晶格上的离子看作是固定不动的。

因此,在德鲁德模型中,自由电子与晶格中固定离子之间的碰撞过程,解释了导体导电的过程。每一个电子在金属中运动可以看作是受到类似流体阻力的作用,在德鲁德模型中将其模型化为

$$\vec{F}_v = -\frac{m}{\tau}\vec{v} \tag{3.1}$$

其中,m 是电子的质量,τ 为特征时间,其对应导体中电子两次碰撞所间隔时间的平均值,$\vec{v}$ 为

电磁场存在时引起的电子的整体运动的速度。

2. 导体电导率

外加电磁场在低频振荡时,引起的导体导电性能与稳态($\omega \to 0$)相同,从而满足欧姆 $\vec{j} = \gamma_0 \vec{E}$ 的定律,其中 γ_0 是稳态下导体的电导率,可表示为

$$\gamma_0 = \frac{ne^2\tau}{m} \tag{3.2}$$

当电磁场角频率非常高时($\omega \to \infty$),电子则跟不上电磁场快速的变化,因此可以定性地预测,如果欧姆定律仍然成立,那么会有:当 $\omega \to +\infty$ 时,电导率 $\gamma \to 0$,导体不导电。

下面根据德鲁德模型,证明导体对于外加电磁场的导电响应可以看作一个低通滤波器。

与电子学与力学研究问题方法一样,复表示特别适用于导体电子在外电磁场下作用下运动的研究。在本课程的后面,将通过以下方式描述谐波态下的电磁场:

$$\vec{E}(M,t) = \vec{E}_0(M)\exp(j\omega t) ; \quad \vec{B}(M,t) = \vec{B}_0(M)\exp(j\omega t)$$

复表示中关于 $\exp(j\omega t)$ 的表示是一个约定问题,有时也可以写成 $\exp(-j\omega t)$。

同样地,外场作用下的电子运动速度也可以用复表示来表示:

$$\vec{v}(M,t) = \vec{V}(M,\omega)\exp(j\omega t)$$

其中,$\vec{V}(M,\omega) = \vec{V}_m(M,\omega)\exp[j\varphi(\omega)]$,表达式中 $V_m(M,\omega)$ 和 $\varphi(\omega)$ 分别表示电子运动速度的振幅和相位,它们都是角频率的函数。

以实验室参考系为伽利略参考系,研究实验室中固定不动的导体材料,应用动力学基本原理,描述电子在导体中的运动。对于每个质量为 m 且电荷量为 $-e$ 的自由电子,则有

$$m\frac{\mathrm{d}\vec{v}(M,t)}{\mathrm{d}t} = \sum_i \vec{F}_i \tag{3.3}$$

通常情况下,电子的重力远小于其受到的电磁场力,因此电子在运动过程中只受到电磁场力和流体阻力的作用,则有

$$m\frac{\mathrm{d}\vec{v}(M,t)}{\mathrm{d}t} = -e(\vec{E} + \vec{v} \wedge \vec{B}) - \frac{m}{\tau}\vec{v} \tag{3.4}$$

结果表明,在带电粒子运动不考虑相对论效应,即电子运动速度 $v \ll c$(光在真空中的速度)的情况下,电磁场中的磁场力大小相对于电场力可以忽略不计,在这个近似下,有

$$m\frac{\mathrm{d}\vec{v}(M,t)}{\mathrm{d}t} = -e\vec{E} - \frac{m}{\tau}\vec{v}$$

$$\Rightarrow jm\omega\vec{v} = -e\vec{E} - \frac{m}{\tau}\vec{v}$$

$$\Rightarrow \vec{v} = -\frac{e\tau}{m}\frac{1}{1+j\omega\tau}\vec{E} \tag{3.5}$$

假设金属导体中阳离子固定,可以推导得出体电流密度矢量只来自于电子在导体中的运动的贡献,则体电流密度矢量复表示为

$$\vec{j} = \sum_i \vec{j}_i = \vec{j}_{\text{ions}} + \vec{j}_{\text{el}} = -ne\vec{v} = \frac{ne^2\tau}{m}\frac{1}{1+j\omega\tau}\vec{E} \tag{3.6}$$

其中，$\vec{j}_{\text{ions}}$、$\vec{j}_{\text{el}}$分别表示阳离子和电子的体电流密度矢量。

在简谐态下，欧姆定律还保持原有形式，只是物理量都写成复表示的形式，则有

$$\vec{\underline{j}}(M,\omega) = \underline{\gamma}(\omega)\vec{\underline{E}}(M,\omega) \tag{3.7}$$

其中，$\underline{\gamma}(\omega) = \dfrac{ne^2\tau}{m}\dfrac{1}{1+j\omega\tau}$，这里记 $\gamma_0 = \dfrac{ne^2\tau}{m}$，而这正是稳态条件下导体电导率的表达式。

通过以上推导可以看出，欧姆定律仍然可以有效地描述变化态中的导体，只是用复电导率 $\underline{\gamma}(\omega)$ 代替了静态电导率 γ_0。对于导体中的任何一点 M，欧姆定律都可表示为

$$\vec{\underline{j}}(M,\omega) = \underline{\gamma}(\omega)\vec{\underline{E}}(M,\omega)$$

其中，$\vec{\underline{E}}(M,\omega)$ 为一简谐电场，它是以空间坐标和角频率 ω 为变量的正弦函数。

说明

① 变化态下，欧姆定律表示场源（角频率为 ω 的电场）和响应（体电流密度）之间满足线性关系，即叠加原理在这里适用。如果导体处在非简谐电场中，导体对输入信号的响应，可以根据傅里叶变换，先将输入信号分解为多个谐波信号，然后研究每个谐波信号的响应，再根据叠加原理研究导体对总体信号的响应。

② 导体对电场的响应行为表现为一阶低通滤波器。这意味着导体中电子的速度的响应跟不上变化太快的电场。这个结论可以由 $\underline{\gamma}(\omega)$ 的表达式看出来，$\underline{\gamma}(\omega)$ 表达式与截止角频率 $\omega_0 = 1/\tau$，静态增益 $H_0 = \gamma_0$ 的一阶低通滤波器的传递函数 $\underline{H}(j\omega)$ 形式相同，即

$$\underline{H}(j\omega) = \frac{H_0}{1+j\dfrac{\omega}{\omega_0}} \tag{3.8}$$

当然，电导率与电子学中常见的低通滤波器的区别是，滤波器传递函数通常是无量纲的物理量，而电导率是有量纲，为 $S\cdot m^{-1}$。

③ 欧姆定律所提到的电场与导体的作用是局域性的。这种局域性强调导体中点 M 处电子的速度只取决于点 M 处的电场，而不取决于导体其他点处的电场。为了保证这种局域性假设是合理的，需要假设电子在晶格间相邻两次碰撞过程中电场是不变的。电子与晶格发生两次碰撞之间对应的特征距离即为电子的平均自由程 l，因此使用电磁场波长 λ 来描述电场在空间周期性变化的特征尺度。为了让以上局域性假设成立，对于常见导体，电磁场波长应远大于电子平均自由程：

$$\lambda \gg l \sim 10^{-8}\ \text{m}$$

3. 耗散态和非耗散态

本小节将分析导体对外加电场频率的响应，将会看到导体对外加低频电场和高频电场的响应属性是不同的。

（1）低频响应——耗散态

当外场角频率极低，满足 $\omega \ll 1/\tau$ 时，电导率为实数 γ_0。根据欧姆定律，可得体积元为 $d\tau$ 的导体接收外场的平均功率：

$$\langle dP \rangle = \langle \vec{\underline{j}} \cdot \vec{\underline{E}} \rangle d\tau = \frac{1}{2}\text{Re}(\vec{\underline{j}} \cdot \vec{\underline{E}}^*)d\tau = \gamma_0 \langle \|\vec{\underline{E}}\|^2 \rangle d\tau \tag{3.9}$$

由此,可以得出导体在极低频外场激励情况下($\omega \ll 1/\tau$),欧姆导体实际上从电磁场接收能量,被导体吸收的能量在导体中以焦耳热的形式耗散。在这种极低频条件下,欧姆导体处于耗散态。

(2) 高频响应——非耗散态

当外场角频率极高时,即 $\omega \gg 1/\tau$。在这种情况下电导率可近似表示为

$$\underline{\gamma}(\omega) \approx \frac{\gamma_0}{j\omega\tau} \tag{3.10}$$

这里,电导率是一个纯虚数。由 $j = e^{j\frac{\pi}{2}}$ 可得,场源与体电流密度矢量相差 $\pi/2$ 的相位。根据欧姆定律,可得体积元为 $d\tau$ 的导体接收外场的平均功率体密度:

$$\left\langle \frac{dP}{d\tau} \right\rangle = \langle \vec{j} \cdot \vec{E} \rangle = \frac{1}{2}\mathrm{Re}(\underline{\vec{j}} \cdot \underline{\vec{E}}^*) = \frac{1}{2}\mathrm{Re}(\underline{\gamma} \parallel \underline{\vec{E}} \parallel^2) = 0 \tag{3.11}$$

由此可以得出:导体在极高频外场激励情况下($\omega \gg 1/\tau$),欧姆导体实际上并不吸收电磁场能量。在这种极高频条件下,欧姆导体处于非耗散态。

3.1.2 电中性条件

假设导体最开始处于电中性状态,导体内部各点处体电荷密度均为零,即 $\rho(M) = 0$。在 $t = 0^+$ 时刻,导体初始带电平衡状态被打破,导体中一点 M_0 处体电荷密度变为 $\rho(M_0) = \rho_0$。这个局部体电荷密度的产生,需要导体其他地方电荷缺失来补偿。那么经过多长时间后,导体又可以恢复电中性状态?为了解决这个问题,需要考虑以下三个因素。

① 电荷守恒定律的微分关系式:

$$\mathrm{div}\,\vec{j}(M,t) + \frac{\partial \rho(M,t)}{\partial t} = 0 \tag{3.12}$$

微分关系式(3.12)表明,导体中体电荷密度矢量的存在是由体电荷密度随时间的变化而引起的。当导体受到外场激励时,局部会产生电荷密度的不均匀分布,根据扩散理论可知电荷分布的不均匀性会导致电荷粒子的扩散,形成体电流,这种体电流的产生反过来又会使得导体中电荷分布趋于均匀化,这期间会产生空间体电荷密度随时间的变化。体电荷密度与体电流密度矢量的关系就是通过微分关系式(3.12)联系起来的。

② 欧姆定律微分形式复表示:

$$\underline{\vec{j}}(M,t) = \underline{\gamma}(\omega)\underline{\vec{E}}(M,t) \tag{3.13}$$

其中,电导率为角频率的函数。

③ 麦克斯韦-高斯微分关系式:

$$\mathrm{div}\vec{E}(M,t) = \frac{\rho(M,t)}{\varepsilon_0} \tag{3.14}$$

要想知道系统再次到达电中性状态的弛豫时间,需要建立和求解满足初始条件 $\rho(M_0,0) = \rho_0$ 的关于体电荷密度的微分方程。使用复表示求解有一定的便利性,因此将使用复表示来描述系统各物理量。研究在角频率为 ω 的正弦电场下导体的受迫行为,各物理量 X(标量或向量)可表示为如下形式:

$$\underline{\vec{X}}(M,t) = \underline{\vec{X}}(M,\omega)\exp(j\omega t) \tag{3.15}$$

其中,$\vec{\underline{X}}(M,\omega)=\vec{X}(M,\omega)\exp(j\varphi)$ 为复振幅,φ 为初相位。

根据欧姆定律微分形式(3.13),方程(3.12)可写为

$$\operatorname{div}(\underline{\gamma}\,\vec{\underline{E}})=-j\omega\underline{\rho}\Rightarrow\underline{\gamma}\operatorname{div}(\vec{\underline{E}})=-j\omega\underline{\rho} \tag{3.16}$$

再根据麦克斯韦-高斯方程(3.14),得

$$\underline{\gamma}\,\frac{\underline{\rho}}{\varepsilon_0}=-j\omega\underline{\rho} \tag{3.17}$$

通过引入 $\underline{\gamma}(\omega)$ 关于 ω 的表达式,整理得

$$-\tau\omega^2\underline{\rho}+j\omega\underline{\rho}+\frac{\gamma_0}{\varepsilon_0}\underline{\rho}=0 \tag{3.18}$$

把 $-\omega^2\underline{\rho}$ 和 $j\omega\underline{\rho}$ 分别写为 $\dfrac{\partial^2\rho}{\partial^2 t}$ 和 $\dfrac{\partial\rho}{\partial t}$,得到在点 M_0 体电荷密度为 $\rho(t)$ 的微分方程:

$$\frac{\partial^2\rho}{\partial^2 t}+\frac{1}{\tau}\frac{\partial\rho}{\partial t}+\frac{ne^2}{m\varepsilon_0}\rho=0\Rightarrow\frac{\partial^2\rho}{\partial^2 t}+\frac{\omega_{\mathrm{p}}}{Q}\frac{\partial\rho}{\partial t}+\omega_{\mathrm{p}}^2\rho=0 \tag{3.19}$$

于是重新得到一个类似力学上固有角频率 $\omega_{\mathrm{p}}=\sqrt{\dfrac{ne^2}{m\varepsilon_0}}$ 和品质因素 $Q=\omega_{\mathrm{p}}\tau$ 的有阻尼谐振子的特征微分方程。

这里,定义金属等离子体角频率 ω_{p} 为

$$\omega_{\mathrm{p}}=\sqrt{\frac{ne^2}{m\varepsilon_0}} \tag{3.20}$$

其中,n 是金属中自由电子的体密度;m 和 e 分别指电子的质量和基本电荷电量。

为了完成对系统弛豫时间的精确描述,需要研究导体中电中性弛豫时间的赝周期性,非周期性或临界性。因此,需要给出品质因素 Q 的值,也需要对等离子体角频率 ω_{p} 的值进行估计。对于一般金属而言,$n\sim10^{29}\ \mathrm{m}^{-3}$,因此等离子角频率可用下式近似计算:

$$\omega_{\mathrm{p}}\sim\sqrt{\frac{10^{29}\times10^{-38}}{10^{-30}\times10^{-11}}}\sim10^{16}\ \mathrm{rad}\cdot\mathrm{s}^{-1}$$

金属导体中的特征时间 $\tau\sim10^{-14}\ \mathrm{s}$,可以计算得出 $Q\sim100$。

因为 $Q>1/2$,所以推断电中性状态的实现是在赝周期状态下完成的。对应等离子角频率 $\omega_{\mathrm{p}}\sim10^{16}\ \mathrm{rad}\cdot\mathrm{s}^{-1}$,特征时间 $\tau\sim10^{-14}\ \mathrm{rad}\cdot\mathrm{s}^{-1}$。

如图 3.1 所示,$t\gg\tau$ 时,导体电中性平衡态恢复。因此建立一个弛豫时间 τ 和特征角频率 $\omega_{\mathrm{en}}=1/\tau$ 的关系。下面给出一个快速判断导体保持局部电中性的条件。

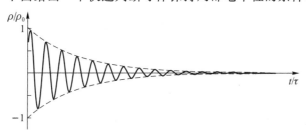

图 3.1　导体中体电荷密度弛豫时间图

角频率为 ω 的谐波场激励导体，要使导体中每一点均呈现电中性，外场角频率应当满足以下条件：

$$\omega < \omega_{en} = 1/\tau \sim 10^{14} \text{ rad} \cdot \text{s}^{-1}$$

在这种情况下，任何时刻导体中的每个点 M 处的体电荷密度 $\rho(M, t) = 0$。

3.1.3 准稳态近似

准稳态近似（ARQS）最基本的思想是在所研究系统的尺度内忽略场的传播效应，在导体中的应用也是一样，即忽略电磁场在导电介质中的传播效应，也可以理解为电场在导体中变化相对比较缓慢。根据麦克斯韦–安培方程可知，电场随时间变化引起的磁场可以被忽略；再根据麦克斯韦–法拉第方程可知，这种情况下不引起新的电场，电磁场无法交替产生，进而在导体中无法得以传播。下面根据准稳态近似条件来分析和确定电磁场频率的范围，在什么条件下ARQS 是有效的，在什么条件下传播现象必须加以考虑。

麦克斯韦–安培方程中，记 ω_c 是临界角频率，低于该角频率时位移电流密度相对于传导电流密度 $\vec{j_c}$ 可忽略不计。在这个极限条件下，麦克斯韦–安培方程变为

$$\mathbf{rot}\,\vec{B} = \mu_0\,\vec{j_c} \tag{3.21}$$

位移电流密度被忽略后，有

$$\| \underline{\gamma}(\omega)\vec{E} \| \gg \| \varepsilon_0 \frac{\partial \vec{E}}{\partial t} \| \tag{3.22}$$

$$\left| \frac{\gamma_0}{1 + j\omega\tau} \right| \gg |j\omega\varepsilon_0| \Rightarrow \frac{\gamma_0}{\sqrt{1 + (\omega\tau)^2}} \gg \omega\varepsilon_0$$

$$\omega^4 + \frac{\omega^2}{\tau^2} \ll \frac{\gamma_0^2}{\tau^2\varepsilon_0^2} \Rightarrow \left(\omega^2 + \frac{1}{2\tau} \right)^2 \ll \frac{1}{\tau^2}\left(\frac{1}{4} + \frac{\gamma_0^2}{\varepsilon_0^2} \right) \tag{3.23}$$

其中，真空介电常数 $\varepsilon_0 = 8.85 \times 10^{-12}$ F/m，对于一般金属导体而言，电导率 $\gamma_0 = 10^6$ S·m^{-1}，特征时间 $\tau \sim 10^{-14}$ s，因此式(3.23)中 $\frac{1}{4} \ll \frac{\gamma_0^2}{\varepsilon_0^2}$，故有

$$\omega^2 + \frac{1}{2\tau} \ll \frac{\gamma_0}{\tau\varepsilon_0} \Rightarrow \omega^2 \ll \frac{\gamma_0}{\tau\varepsilon_0} - \frac{1}{2\tau} \approx \frac{\gamma_0}{\tau\varepsilon_0} \Rightarrow \omega \ll \sqrt{\frac{\gamma_0}{\tau\varepsilon_0}} \tag{3.24}$$

记极限角频率 $\omega_c = \sqrt{\frac{\gamma_0}{\tau\varepsilon_0}}$，那么电场角频率只要远低于这一角频率，就可以认为准稳态近似条件实现。

可以看出以上研究的特征角频率与导体中的等离子体角频率 $\omega_p = \sqrt{\frac{\gamma_0}{\tau\varepsilon_0}} = \sqrt{\frac{ne^2}{m\varepsilon_0}}$ 相同。通常在导体中 $\omega_p \sim 10^{16}$ rad·s^{-1}。因此，对于角频率为 ω 的电磁场中的导体，准稳态近似适用条件为

$$\omega \ll \omega_p \sim 10^{16} \text{ rad} \cdot \text{s}^{-1}$$

根据对导体电中性条件和准稳态条件的分析，给出如表 3.1 所列不同频率范围下导体所处的三种状态。

表 3.1　导体在不同角频率外场激励下对应的三种状态

状　态	角频率范围/(rad·s^{-1})	结　论
状态 A	$\omega \leqslant 10^{14}$	ARQS 条件和电中性假设均满足
状态 B	$[10^{14}, 10^{16}]$	电中性假设不成立,ARQS 条件理论上满足
状态 C	$\omega \geqslant 10^{16}$	电中性假设和 ARQS 条件都不满足

后面章节中仅研究在低频场($f \ll 10^{14}$ Hz)下导体的性质,此时 ARQS 条件和电中性假设都成立。

3.2　变化态下导体中的趋肤效应

这一节将介绍变化态下导体中的趋肤效应,即变化态下导体会阻碍电磁场进入导体内部,当电导率很大且场变化很快时,这种现象将会变得更为明显。一般认为引起这种阻碍效应的原因与导体表面产生的电流的分布是分不开的,也可以由和麦克斯韦-法拉第方程相关的电磁感应现象来解释。

3.2.1　导体中场的扩散方程

本小节只研究在低频率($f \ll 10^{14}$ Hz)情况下的欧姆导体,对应 ARQS 条件和电中性的假设都是成立的。这种情况下,麦克斯韦方程可以写成:

$$\mathrm{div}\,\vec{E} \approx 0; \quad \mathrm{div}\,\vec{B} = 0; \quad \mathbf{rot}\,\vec{E} = -\frac{\partial \vec{B}}{\partial t}; \quad \mathbf{rot}\,\vec{B} \approx \mu_0 \gamma_0\,\vec{E} \tag{3.25}$$

在低频外场激励下,欧姆导体具有耗散性,且耗散情况与电导率 γ_0 有关。

下面确定导体中电场满足的偏微分方程。首先对麦克斯韦-法拉第方程两边求旋度,得

$$\mathbf{rot}(\mathbf{rot}\,\vec{E}) = -\mathbf{rot}\,\frac{\partial \vec{B}}{\partial t} = -\frac{\partial \mathbf{rot}\,\vec{B}}{\partial t} \Leftrightarrow \mathbf{grad}\,(\mathrm{div}\,\vec{E}) - \Delta\vec{E} = -\frac{\partial \mathbf{rot}\,\vec{B}}{\partial t}$$

根据式(3.25),有

$$\Delta\vec{E} = \mu_0 \gamma_0\,\frac{\partial \vec{E}}{\partial t} \tag{3.26}$$

式(3.26)左边是关于空间的二阶导数,右边是关于时间的一阶导数,等式左右对空间和时间求导具有不对称性,此方程与达朗贝尔方程在形式上是有区别的。

说明

① 式(3.26)对应的微分方程称为扩散方程。这类方程在热传导和粒子扩散问题中经常出现,比如热扩散问题中的温度场满足的热扩散微分方程写为

$$\frac{\partial T}{\partial t} = D\Delta T \tag{3.27}$$

其中,D 表示热扩散系数。

② 导体中电磁场传播微分方程关于场对时间的求导为一阶导数而不是二阶导数,这是准稳态近似条件的直接结果。从数学的角度考虑,此一阶导数的存在使得扩散方程在时间 $t \rightarrow$

—t 反演作用下解的形式会发生变化。从物理的角度考虑,这表明金属中电磁场的演变具有不可逆性。

③ 尽管导体中电磁场不满足达朗贝尔方程,但将在后面章节证明它们的确也可以在导体中传播,只是传播形式相对行波解有区别而已。

④ 应用欧姆定律,同样可以证明体电流密度矢量也满足扩散方程,即

$$\Delta \vec{j} = \mu_0 \gamma_0 \frac{\partial \vec{j}}{\partial t} \qquad (3.28)$$

练习 3.1　磁场满足的扩散方程

证明在欧姆导体中磁场也满足扩散方程,即

$$\Delta \vec{B} = \mu_0 \gamma_0 \frac{\partial \vec{B}}{\partial t}$$

3.2.2　导体中的趋肤效应

1. 半空间中的导体模型

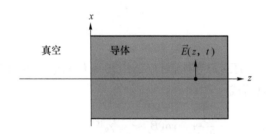

图 3.2　半无限大空间导体模型

为了分析变化态下导体的行为,需要对导体中电磁场在特定情况下满足的扩散方程进行求解。首先建立一个半无限空间的导体模型,即导体存在于 $z > 0$ 的半无限大空间范围内(见图 3.2);其次要证明为什么这个模型在实际中是适用的。导体右侧界面假设足够大从而可以忽略边界效应,且导体沿 x 和 y 方向具有平移不变性。根据以上假设,电场可表示为

$$\vec{E}(M,t) = \vec{E}(z,t) \qquad (3.29)$$

一列简谐电磁波沿 z 方向传播由真空进入到电导率为 γ_0 的导体中,外场角频率 $\omega \ll 10^{14}$ rad·s^{-1},由 3.1 节内容可知,电磁波进入导体后满足电中性和准稳态近似条件。进入导体中的电场记为 $\vec{E}(z,t) = E(z,t)\vec{u_x}$,由欧姆定律可得导体中体电流密度为 $\vec{j}(z,t) = j(z,t)\vec{u_x} = \gamma_0 E(z,t)\vec{u_x}$。

2. 简谐态下电场满足的方程

已知电场 $\vec{E}(z,t)$ 满足扩散方程,在半无限大空间导体模型中,扩散方程可写成:

$$\Delta \vec{E} = \mu_0 \gamma_0 \frac{\partial \vec{E}}{\partial t} \Rightarrow \frac{\partial^2 \vec{E}}{\partial z^2} = \mu_0 \gamma_0 \frac{\partial \vec{E}}{\partial t} \qquad (3.30)$$

扩散方程是线性微分方程,欧姆定律中电场和体电流密度矢量也满足线性关系,因此在外激励场为正弦时变场时,如果记时变角频率为 ω,则可以将导体中研究的各个物理量写成以下统一的复表示形式:

$$\vec{X}(z,t) = \vec{X}(z)\exp(j\omega t) \tag{3.31}$$

其中，$\underline{X}$ 可以是电场、磁场和体电流密度矢量等物理量。

下面的目标是确定并求解电场振幅 $\underline{E}(z)$ 所满足的微分方程。将 $\vec{E}(z,t) = \underline{E}(z)\exp(j\omega t)\vec{u}_x$ 代入到扩散方程（3.30）中，在 x 方向投影后得

$$\frac{\mathrm{d}^2\underline{E}(z)}{\mathrm{d}z^2}\exp(j\omega t) = j\omega\mu_0\gamma_0\underline{E}(z)\exp(j\omega t) \tag{3.32}$$

式（3.32）对于任意时间 t 都成立，因此有

$$\frac{\mathrm{d}^2\underline{E}(z)}{\mathrm{d}z^2} = j\omega\mu_0\gamma_0\underline{E}(z) \tag{3.33}$$

3. 导体中场的确定

方程（3.33）是关于电场复振幅 $\underline{E}(z)$ 的二阶常系数微分方程，对应特征方程为

$$r^2 = j\omega\mu_0\gamma_0$$

其中，r_1 和 r_2 是该二次方程的两根，为了求解特征方程的两个根，根据欧拉变换，将 j 表示为

$$j = \exp\left(j\,\frac{\pi}{2}\right) = \left[\exp\left(j\,\frac{\pi}{4}\right)\right]^2 = \left(\frac{1+j}{\sqrt{2}}\right)^2$$

则对应的两个特征根可表示为

$$r_1 = (1+j)\sqrt{\frac{\mu_0\gamma_0\omega}{2}},\ r_2 = -(1+j)\sqrt{\frac{\mu_0\gamma_0\omega}{2}}$$

由于 r_1 和 r_2 与长度的倒数同量纲，这里用特征物理量 $\delta = \sqrt{\dfrac{2}{\mu_0\gamma_0\omega}}$ 来简化表示，则有

$$r_1 = \frac{1+j}{\delta},\ r_2 = -\frac{1+j}{\delta}$$

因此，扩散微分方程（3.33）的解可写为

$$\underline{E}(z) = A\exp\left[(1+j)\frac{z}{\delta}\right] + B\exp\left[-(1+j)\frac{z}{\delta}\right]$$

其中，A，B 为待定系数。

（1）边界条件

电场在导体中传播存在以下两个边界条件：

① 在 $z \to +\infty$ 处电场不发散；

② 在 $z=0$ 处，电场进入导体前有

$$\vec{E}(0^-,t) = E_0\exp(j\omega t)\vec{u}_x$$

根据在 $z=0$ 分界面处电场切向分量的连续性，对于任何时刻都有

$$\vec{E}(0^-,t) = \vec{E}(0^+,t) = E_0\exp(j\omega t)\vec{u}_x$$

说明

这里 E_0 是导体表面处总电场的振幅，而不是外界激励电场的振幅。在 $z<0$ 的半空间中的电场相当于是外界入射激励场与导体表面处反射场的叠加（关于导体表面处电磁场的入射

和反射问题将在第 6 章学习)

（2）边界条件的应用

① $z \rightarrow +\infty$：场在 $z \rightarrow +\infty$ 处不发散必然要求 $A = 0$；

② 在 $z = 0$ 处，电场在切向具有连续性：

$$\vec{E}(0^-, t) = \vec{E}(0^+, t) = E_0 \exp(j\omega t)\vec{u}_x$$

故复振幅 $\underline{E}(z)$ 为

$$\underline{E}(0) = E_0 = B$$

因此可以得到导体中电场 $\vec{E}(z, t)$ 的复表达式为

$$\vec{E}(z, t) = E_0 \exp\left[-(1+j)\frac{z}{\delta}\right]\exp(j\omega t)\vec{u}_x$$

$$= E_0 \exp\left(-\frac{z}{\delta}\right)\exp\left[j\left(\omega t - \frac{z}{\delta}\right)\right]\vec{u}_x \qquad (3.34)$$

导体中电场的实表达式为

$$\vec{E}(z, t) = \mathrm{Re}(\vec{E}) = E_0 \exp\left(-\frac{z}{\delta}\right)\cos\left(\omega t - \frac{z}{\delta}\right)\vec{u}_x \qquad (3.35)$$

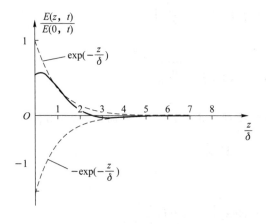

图 3.3　固定时刻导体中电场振幅分布图

4. 趋肤效应

由式（3.35）可以看出，电场进入导体后仍然为时间和空间双变量函数，其中 $\cos\left(\omega t - \frac{z}{\delta}\right)$ 表示传播项，电场角频率没有发生变化，传播方向沿 z 轴正方向；振幅项 $E_0 \exp\left(-\frac{z}{\delta}\right)$ 表示电场在沿着 z 正方传播过程中以 e 指数形式不断衰减。图 3.3 为导体中在固定时刻 t 时沿 z 方向电场振幅的分布图，可以看出电场在导体中衰减传播时存在一特征距离 $\delta = \sqrt{\dfrac{2}{\mu_0 \gamma_0 \omega}}$，称为"趋肤深度"。

以上现象反映了导体具有阻挡时变电磁场进入导体内部的效应，称之为"趋肤效应"。由于趋肤效应，电磁场进入导体后只能分布在导体表面附近趋肤深度内，而后衰减很快。

说明

① "趋肤"一词与导体上场分布的表面特征直接相关。例如，频率为 100 kHz 的电磁场进入铜导体内部，其趋肤深度 $\delta \approx 0.2$ mm。

② 趋肤深度越小，趋肤效应越明显，即导体越能有效地阻碍电场的穿透。由趋肤深度的表达式可以看出场变化得越快，趋肤效应就越明显。这明显是电磁感应的特点，即频率越大，磁场随时间变化得越快，根据楞次定律知，导体中产生的感应电流要阻碍磁通量变化。导体中产生感应电流，进而产生感应电场，该感应电场与入射电场反向叠加，从而阻碍导体内场的增加。电磁感应现象解释了导体中电场为什么会衰减。对趋肤效应的电磁感应的解释很容易

理解,这一点通过麦克斯韦-法拉第方程能够直接体现出来。

③ 导体电导率越大,趋肤效应也会越明显。根据欧姆定律可知,电导率越大,导体中产生的感应电流就越强,对应的感应磁场阻碍外磁的变化的能力就越强。

（1）导体中电磁波的结构与性质

根据 2.2.3 小节所学,从电磁场进入导体中电场的表达式 $\vec{E}(z,t) = E_0 \exp\left(-\dfrac{z}{\delta}\right)$ $\cos\left(\omega t - \dfrac{z}{\delta}\right)\vec{u}_x$ 可以看出,导体中传播的电磁波为一平面简谐非行波,具体理解为

① 平面波:即电磁波传播方向上的等相位面为一平面。因为电磁波在导体中传播是沿着 Oz 轴正向的一维方向上的传播,所以时刻 t 固定时,等相位面是 z 为常数的平面。在这个平面上,电场振幅 $E_0 \exp\left(-\dfrac{z}{\delta}\right)$ 是常量,因此此列波是平面波。

② 简谐波:导体中传播的电磁波只存在一个单一角频率 ω。

③ 非行波:从电场的形式来看,电场一边传播一边衰减,它不能以函数 $f\left(t \pm \dfrac{z}{c}\right)$ 的形式存在,所以它不构成行波。对于行波而言,在时间 t 固定时,电场的振幅沿着传播方向具有周期平移不变性。这里电场表达式中的衰减因子 $\exp\left(-\dfrac{z}{\delta}\right)$ 体现了电磁波的**非行波**特点。

说明

① 尽管电场不满足达朗贝尔传播方程,但它也的确是一个在导体中传播的波;

② 导体中传播的电磁波之所以为非行波,与电磁波在导体中传播满足的扩散方程有直接关系。

（2）导体中的体电流分布

由欧姆定律微分形式可以导出导体中体电流密度 $\vec{j}(z,t)$ 的表达式:

$$\vec{j}(z,t) = \gamma_0 E_0 \exp\left(-\frac{z}{\delta}\right)\cos\left(\omega t - \frac{z}{\delta}\right)\vec{u}_x \tag{3.36}$$

在变化态下欧姆导体中的体电流分布主要集中在趋肤深度 δ 范围内,而一般而言,δ 相对于导体的几何尺寸很小,可以认为电流主要分布在导体表面附近,并可以使用面电流分布来描述受到趋肤效应影响的导体中的电流。根据面电流和体电流之间的关系,可以导出面电流 $\vec{j}_s(t)$ 的表达式:

$$\vec{j}_s(t) = \int_0^{+\infty} \vec{j}(z,t)\mathrm{d}z \tag{3.37}$$

练习 3.2　计算导体表面处的面电流密度矢量 $\vec{j}_s(t)$

利用公式(3.37),证明 2.2 节研究问题中通过导体表面处的面电流密度可表示为如下形式:

$$\vec{j}_s(t) = \vec{j}_0 \delta \sqrt{2}\cos\left(\omega t + \frac{\pi}{4}\right)$$

这个结论说明了什么？

说明

① 实验中所用的金属导线直径 d 大约为 $1\,\mathrm{mm}$，如果趋肤深度 δ 与导线的直径相比很小，就要考虑趋肤效应，即电流只分布在导线表面，内部无电流分布，根据欧姆定律可以得知这种情况下会导致导线电阻阻值的增加，因此在实验中通常应尽量避免趋肤效应的产生。因为外场频率对趋肤深度的影响较大，以电导率为 $\gamma_0 = 6 \times 10^7\,\mathrm{S \cdot m^{-1}}$ 的铜导线为例，趋肤深度 $\delta(f) = d$ 时对应的频率为

$$\delta(f) = \sqrt{1/(\pi \mu_0 \gamma_0 f)} = d \Rightarrow f = 1/(\pi \mu_0 \gamma_0 d^2) \approx 4\,\mathrm{kHz}$$

可以看出，趋肤效应在 $5\,\mathrm{kHz}$ 左右这个频率开始逐渐体现出来，而且频率越高趋肤深度越小。图 3.4 为同轴电缆结构图，轴心铜导线的直径为 $1\,\mathrm{mm}$ 左右。同轴电缆用于传输高频交流信号，其电流主要分布在导体表面处。

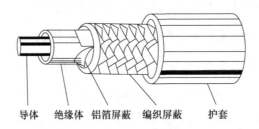

导体　绝缘体　铝箔屏蔽　编织屏蔽　护套

图 3.4　同轴电缆结构图

② 半无限大空间导体模型之所以适用，是因为在研究导体对高频电磁场响应的问题中，无论导体是平板还是体材料通常都有平板厚度或导体表面曲率半径远大于趋肤深度的特点。

练习 3.3　电阻受趋肤效应的影响

一根长度为 l、截面为圆、半径为 a 的金属导线，其电导率为 γ_0。导线中通以频率极高的电流，以至于趋肤深度远小于半径 a。记 R_0 为导线中的静态电阻，$R(\omega)$ 为角频率为 ω 时的动态电阻。求 $R(\omega)/R_0$。如何评价趋肤效应对电阻的影响。

（3）物理上其他趋肤效应

与前面学习的趋肤效应一样，在正弦机制的外界场激励下，如果存在一个边界限制条件，物理量将 $\varphi(M, t)$ 满足扩散方程，即在施加约束的表面附近观察到类似变化态外电场进入导体内部后产生的趋肤效应。这种趋肤现象在实际生活中也很常见，例如在黏滞性流体中弦上机械波的传播以及土壤中的温度场随深度和季节变化规律等问题都具有相同的变化规律。

3.2.3　导体中的能量分析

在正弦态变化态下，从时间平均值来看，导体中内部并无能量储存，外电磁场激励导体过程中由于焦耳效应，电磁场能量在导体内部以内能形式耗散，这里用电磁场辐射的平均功率来表示：

$$\langle P_J \rangle = -\oiint_{\Sigma} \langle \vec{R} \rangle \cdot \mathrm{d}\vec{S} \tag{3.38}$$

其中，Σ 表示围绕导体的封闭曲面，$\langle \vec{R} \rangle$ 表示电磁场辐射导体对应的坡印廷矢量平均值，$\mathrm{d}\vec{S}$

表示导体表面处向外的面积元(由内指向外)。

3.2.4　理想导体

1. 定　义

静态电导率 γ_0 为无穷大的导体定义为**理想导体**。

本小节研究的导体模型同时满足电中性条件和准稳态近似条件,即外场角频率在 $\omega \ll 10^{14}\ \mathrm{rad \cdot s^{-1}}$ 范围内,因此这里所定义的理想导体模型针对的角频率都远小于 $10^{14}\ \mathrm{rad \cdot s^{-1}}$。另外,由趋肤深度表达式 $\delta(\omega) = \sqrt{\dfrac{2}{\mu_0 \gamma_0 \omega}}$ 可以看出,当电导率为有限值时,趋肤深度随角频率增加而减小,趋肤深度无限小时对应的导体可以认为是理想导体,此时又要求角频率尽可能大些,因此研究理想导体的频率范围时具有比较苛刻的限制条件,既不能太低也不能太高,但总体分析要求控制在 $\omega \ll 10^{14}\ \mathrm{rad \cdot s^{-1}}$ 范围内,而以下分析都要满足此条件。

对于理想导体,在任何角频率下,都有趋肤深度趋于 0,即

$$\delta(\omega) = \sqrt{\frac{2}{\mu_0 \gamma_0 \omega}} \to 0,\ \forall\, \omega \ll 10^{14}\ \mathrm{rad \cdot s^{-1}}$$

理想导体的趋肤效应十分明显,导致外部激励电磁场在导体内部急剧衰减,因此电磁场和电流在导体的内部为零,只分布在导体表面。

2. 理想导体中的场和源

下面从能量角度证明理想导体电场的为零性,以及从麦克斯韦方程出发证明磁场、体电流密度和体电荷密度的为零性。在这个部分,仍研究在角频率 $\omega \ll \omega_{\mathrm{en}} \sim 10^{14}\ \mathrm{rad \cdot s^{-1}}$ 范围内的导体。

(1) 电场的为零性

对于欧姆导体而言,由焦耳效应引起的热耗散功率体密度为

$$\frac{\mathrm{d}P}{\mathrm{d}\tau} = \vec{j} \cdot \vec{E} = \gamma_0 \vec{E}^2 \tag{3.39}$$

在数学上,理想导体中电场的为零性可以利用在电导率无限大情况下热耗散功率体密度为有限值来解释,在任意时刻 t 和在导体的任何点 M 处的电场都有

$$\vec{E}(M,t) = \vec{0}$$

(2) 磁场的为零性

已知麦克斯韦-法拉第方程的微分形式:

$$\mathbf{rot}\, \vec{E}(M,t) = -\frac{\partial \vec{B}}{\partial t} \tag{3.40}$$

由前面电场的为零性 $\vec{E}(M,t) = \vec{0}$ 可导出 $\dfrac{\partial \vec{B}}{\partial t} = \vec{0}$,由此说明磁场 $\vec{B}(M)$ 只随空间变化。根据静磁场结论可知,此磁场必然是由稳恒电流产生,但是在变化态下导体中无稳恒电流存在,因此只能有 $\vec{B}(M) = \vec{0}$,即理想导体阻碍变化磁场的穿透。

(3) 体电荷密度 ρ 的为零性

由麦克斯韦-高斯方程可以证明:

$$\text{div}\,\vec{E}(M,t) = \frac{\rho(M,t)}{\varepsilon_0} = 0 \tag{3.41}$$

即在导体中每个点 M 处，体电荷密度都为零。

需要说明的是，电磁波入射理想导体问题涉及的电荷分布无法存在于导体内部，但可能存在于导体表面上，导体表面点 M 处的面电荷密度表示为 $\sigma(M,t)$。

(4) 体电流密度矢量 $\vec{j}$ 的为零性

由麦克斯韦-安培方程（ARQS 条件下）可得

$$\textbf{rot}\,\vec{B}(M,t) = \mu_0\,\vec{j}(M,t) \tag{3.42}$$

由磁场的为零性很容易证明理想导体中的体电流密度的为零性，即 $\vec{j}(M,t)=\vec{0}$。

同样需要说明的是，电磁波入射到理想导体时电流位于导体表面，导体表面任何位置 M 处面电流密度记为 $\vec{j}_s(M,t)$。

注意 不可以使用以下方法证明体电流密度 $\vec{j}(M,t)=\vec{0}$。

① 理想导体电导率 $\gamma_0 \to +\infty$，理想导体中电场 $\vec{E}(M,t)=\vec{0}$，因为 $+\infty \times 0$ 结果为不定式，所以无法根据欧姆定律 $\vec{j}(M,t)=\gamma_0\vec{E}(M,t)$ 得出理想导体中体电流密度 $\vec{j}(M,t)=\vec{0}$ 的结论；

② 由电荷守恒定律的微分关系式 $\frac{\partial\rho}{\partial t}+\text{div}\,\vec{j}(M,t)=0$ 以及电中性条件 $\rho=0$ 只可得出 $\text{div}\,\vec{j}(M,t)=0$，但这并不意味着 $\vec{j}(M,t)=\vec{0}$。

3. 面电荷密度和面电流密度

可以由介质与理想导体分界面处任意 M 点上的电磁场边值关系确定面电荷密度 $\sigma(M,t)$ 和面电流密度 $\vec{j}_s(M,t)$。

(1) 电荷面密度的表达式

在一介质与理想导体分界面处任意一点 M，面电荷密度 $\sigma(M,t)$ 表征了电场的法向分量的不连续性：

$$\vec{E}_{N_2}(M,t) - \vec{E}_{N_1}(M,t) = \frac{\sigma(M,t)}{\varepsilon_0}\,\vec{n}_{12} \tag{3.43}$$

如图 3.5 所示，假设导体介质处于空间 1，导体外部介质处于空间 2，$\vec{n}_{12}$ 为导体表面 M 点处由介质 1 指向导体介质 2 的法向单位向量。空间 1 中的介质为理想导体，其内部电场为零，则有

$$\vec{E}_{N_2}(M,t) = \frac{\sigma(M,t)}{\varepsilon_0}\,\vec{n}_{12} \tag{3.44}$$

面电荷密度由介质 2 中电场的法向分量决定。实际上在大部分情况下，$\vec{E}_2(M,t)$ 是已知的，因此面电荷密度可用下式计算：

$$\sigma(M,t) = \varepsilon_0\,\vec{E}_2(M,t)\cdot\vec{n}_{12} \tag{3.45}$$

另外由电场边值关系可知，导体表面电场的切向分量具有连续性，而理想导体内部电场为零，因此要求介质 2 界面处电场的切向分量也为零。

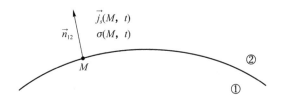

图 3.5　导体介质处于空间 1,外部介质处于空间 2

（2）面电流密度的表达式

同理,仍以图 3.5 为例,在一介质与理想导体分界面处任意一点 M,面电流密度 $\vec{j}_s(M,t)$ 表征了磁场的切向分量的不连续性:

$$\vec{B}_{T_2}(M,t)-\vec{B}_{T_1}(M,t)=\mu_0\,\vec{j}_s(M,t)\wedge\vec{n}_{12} \tag{3.46}$$

由于介质 1 是理想导体,故内部磁场为零,则有 $\vec{B}_{T_2}=\mu_0\,\vec{j}_s\wedge\vec{n}_{12}$。由磁场法向边值关系可知,要求介质 2 界面处磁场的法向分量也为零。

外磁场 $\vec{B}_2(M,t)$ 与理想导体表面相切,因此在导体的表面任何点 M 和每一时刻都有

$$\vec{B}_2(M,t)=\mu_0\,\vec{j}_s(M,t)\wedge\vec{n}_{12} \tag{3.47}$$

实际上,这个表达式（3.47）是利用外磁场 $\vec{B}_2(M,t)$ 来计算 $\vec{j}_s(M,t)$ 的。通过将运算“$\vec{n}_{12}\wedge$”应用于式（3.47）左右两边,可以得到 $\vec{j}_s(M,t)$ 的表达式,即

$$\vec{n}_{12}\wedge\vec{B}_2=\mu_0\,\vec{n}_{12}\wedge[\vec{j}_s\wedge\vec{n}_{12}]=\mu_0[\vec{j}_s-(\vec{j}_s\cdot\vec{n}_{12})\vec{n}_{12}]=\mu_0\,\vec{j}_s \tag{3.48}$$

式（3.48）中,$\vec{j}_s\cdot\vec{n}_{12}=0$,由于电流只能在导体表面流动,因此电流面密度可按下式计算:

$$\vec{j}_s(M,t)=\frac{1}{\mu_0}\,\vec{n}_{12}\wedge\vec{B}_2(M,t) \tag{3.49}$$

习　题

3-1　金属球静电平衡过程研究

半径为 R、中心为 O、电导率为 γ 的孤立金属球携带有总电量为 Q 的电荷。假设初始时刻金属球所带电量在球体内部为均匀分布,体电荷密度记为 ρ_0。

（1）求此状态下金属球内外任意点 M 处的电场强度 $\vec{E}(M)$。

（2）解释导体球中的电荷无法维持（1）假设均匀分布状态的原因。

（3）假设最初时刻（$t=0$）金属球所带电荷在球体内部为均匀分布状态,电荷在球体内重新分布的过程中球体内外电场强度的对称性和不变性与第（1）问所得电场强度形式相同。求金属球内体电荷体密度 $\rho(M,t)$ 关于时间 t 的微分方程并求解。（记初始时刻体电荷密度为 ρ_0,特征时间为 $\tau=\dfrac{\varepsilon_0}{\gamma}$）

（4）证明球体表面（$r = R$）的面电荷密度可表示为

$$\sigma(t) = \frac{Q}{4\pi R^2}\left(1 - e^{-\frac{t}{\tau}}\right)$$

（5）求 t 时刻金属球内外任意点 M 处的电场强度 $\vec{E}(M,t)$ 以及金属球内体电流密度 $\vec{j}(M,t)$。

（6）证明金属球内外的磁感应强度为零。

（7）求达到最终静电平衡态后金属球内外各点 M 的电场强度 $\vec{E}(M)$ 以及金属球表面面电荷密度 $\sigma(M)$。

（8）求初末状态之间电磁场能量的变化 ΔU_{em}，并借助于坡印廷定理解释这一结果。

3-2　金属导体中的体电流密度矢量和磁感应强度

处于耗散态（满足准稳态近似和电中性条件）的欧姆导体，其电导率为 γ_0。通过本章的学习已知电场 $\vec{E}(M,t)$ 在欧姆导体中传播满足扩散方程：

$$\Delta \vec{E}(M,t) = \mu_0 \gamma_0 \frac{\partial \vec{E}(M,t)}{\partial t}$$

证明在此条件下欧姆导体中的体电流密度矢量 $\vec{j}(M,t)$ 和磁感应强度 $\vec{B}(M,t)$ 也满足以上扩散方程。

3-3　金属导体的面电流密度

耗散态下电导率为 γ_0 的金属导体占据半无限大空间（$z > 0$），电场 $\vec{E}(t) = E_0 e^{j\omega t} \vec{u}_x$ 作用于 $z = 0$ 导体表面，引起导体中电流的产生，其体电流密度矢量复表示为

$$\vec{j}(z,t) = j_0 e^{-\frac{z}{\delta}} e^{j\left(\omega t - \frac{z}{\delta}\right)} \vec{u}_x$$

其中，j_0 为体电流密度矢量的振幅，$\delta = \sqrt{\dfrac{2}{\mu_0 \gamma_0 \omega}}$ 为趋肤深度。

金属趋肤深度取决于电场频率和金属的电导率。通常情况下，金属趋肤深度都很小，可以说金属导体中电流几乎分布在金属导体表面附近，证明金属导体表面的面电流可表示为如下形式：

$$\vec{j}_s = j_0 \frac{\delta}{\sqrt{2}} \cos\left(\omega t - \frac{\pi}{4}\right) \vec{u}_x$$

3-4　趋肤效应下金属导体中的电磁场能量

耗散态下电导率为 γ_0 的金属导体占据半无限大空间（$z > 0$），导体中体电流密度矢量的复表示为

$$\vec{j}(z,t) = j_0 e^{-\frac{z}{\delta}} e^{j\left(\omega t - \frac{z}{\delta}\right)} \vec{u}_x$$

其中，$\delta = \sqrt{\dfrac{2}{\mu_0 \gamma_0 \omega}}$ 称为趋肤深度，j_0 为体电流密度矢量的振幅。在导体表面 $z = 0$ 处电场振幅 E_0 和体电流振幅 j_0 的关系由欧姆定律给出：

$$j_0 = \gamma_0 E_0$$

（1）求导体内部磁感应强度 $\vec{B}$ 的复表示和实表示。

（2）求电场和磁场能量体密度的平均值 $\langle u_e \rangle$ 和 $\langle u_{mag} \rangle$。

（3）证明 $\dfrac{\langle u_e \rangle}{\langle u_{mag} \rangle} = \dfrac{\varepsilon_0 \omega}{\gamma_0}$。

（4）研究导体中一个截面积为 $S = l_x l_y$，长顺着 Oz 轴的立方体。证明此无限长立方体中因焦耳热效应消耗的热功率的平均值 $\langle P_J \rangle$ 为

$$\langle P_J \rangle = \frac{j_0^2}{\gamma_0} l_x l_y \frac{\delta}{4}$$

（5）根据坡印廷定理计算通过此无限长立方体的电磁场能量的平均值 $\langle P \rangle$，证明：$\langle P \rangle = \langle P_J \rangle$。

第4章 电磁感应

在第2章麦克斯韦方程组的学习中已经提到感应现象,当电路中存在随时间变化的磁场时,电路中会有感应电流产生,即所谓"电磁感应"。电磁感应现象是英国物理学家迈克尔·法拉第于1831年发现的,它不仅揭示了电与磁之间的内在联系,而且为电与磁之间的相互转化奠定了实验基础,为人类获取巨大而廉价的电能开辟了道路,在电工、电子技术、电气化、自动化方面的广泛应用对推动社会生产力和科学技术的发展发挥了重要的作用。

电磁感应通常指磁生电,多应用于发电机,也可应用于电动机和变压器等。本章主要研究以下两种类型的磁生电现象与原理:

① 纽曼电磁感应:电路固定不动且不发生形变,但磁场是时变的;

② 洛伦兹电磁感应:电路整体或局部运动,或者电路发生形变,但磁场是时不变的。

以上两种电磁感应现象是从观察者的角度进行分类的。在纽曼电磁感应情况下,观察者与电路在同一参考系中,电路中的时变磁场由外部运动或时变系统产生;在洛伦兹电磁感应情况下,观察者与外加磁场处于相同参考系中,但电路整体或部分发生运动。因此,本章在研究洛伦兹电磁感应现象时将以简化的方式解决电磁学中因参考系变化引起的场的变化问题。

4.1 纽曼电磁感应

4.1.1 纽曼电磁感应定律

定义 4.1 纽曼电磁感应

处于变化磁场中的固定不动且无形变的闭合电路会产生感应电流,称这种现象为纽曼电磁感应现象。

电磁感应现象中外磁场的变化频率通常比较低,变化的磁场会感应出变化的电场,而变化的电场再感应出的新磁场极其微弱,故不会引起传播效应。在低频情况下,可将此问题视为磁学上的准稳态近似,位移电流相对传导电流可忽略,因此麦克斯韦方程组可近似写作:

$$\text{div}\vec{E}(M,t) = \frac{\rho(M,t)}{\varepsilon_0}; \quad \text{rot}\vec{E}(M,t) = -\frac{\partial\vec{B}(M,t)}{\partial t}$$

$$\text{div}\vec{B}(M,t) = 0; \quad \text{rot}\vec{B}(M,t) = \mu_0\vec{j}(M,t)$$

(4.1)

麦克斯韦方程组中关于磁场散度和旋度的方程与稳态下关于磁场的微分方程形式完全相同,故电磁感应中磁场的计算仍然可以使用毕奥-萨伐尔定律和安培定理。

式(4.1)中的麦克斯韦-法拉第方程与稳态下关于电场旋度的微分方程不同,电场的旋度不为零,说明电场并不是保守场。在第2章2.2.2小节中由麦克斯韦-法拉第方程导出了变化态下电场 $\vec{E}$ 和磁矢势 $\vec{A}$、电势 V 的关系:

$$\mathbf{rot}\,\vec{E} = -\frac{\partial \vec{B}}{\partial t} \Leftrightarrow \vec{E} = -\,\mathbf{grad}\,V - \frac{\partial \vec{A}}{\partial t} \tag{4.2}$$

可以看到,此时电场沿任意封闭回路的环量不再为零,其根本原因在于与磁场相关的磁矢势 $\vec{A}$ 是随时间变化引起的感应电场,因此定义纽曼感生电场:

$$\vec{E}_{\mathrm{m}} = -\frac{\partial \vec{A}}{\partial t} \tag{4.3}$$

其中,磁矢势 $\vec{A}$ 与磁场之间关系为 $\vec{B} = \mathbf{rot}\,\vec{A}$。

纽曼感生电场沿封闭曲线 Γ 的环量定义为纽曼感生电动势,记为 e,即

$$e = \oint \vec{E}_{\mathrm{m}} \cdot \mathrm{d}\vec{l} \tag{4.4}$$

如图 4.1 所示,此感生电动势的作用与电压源类似,感生电动势引起闭合电路电荷的定向运动从而形成感应电流 i,感生电动势的单位为伏特(V)。

感生电场绕封闭回路 Γ 的积分也可写作:

$$
\begin{aligned}
e &= \oint_{\Gamma} \vec{E}_{\mathrm{m}} \cdot \mathrm{d}\vec{l} = \oint_{\Gamma} -\frac{\partial \vec{A}}{\partial t} \cdot \mathrm{d}\vec{l} \\
&= -\frac{\mathrm{d}}{\mathrm{d}t} \oint_{\Gamma} \vec{A} \cdot \mathrm{d}\vec{l}
\end{aligned} \tag{4.5}
$$

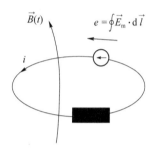

图 4.1　封闭回路中的感生电动势

由斯托克斯–安培定理 $\oint_{\Gamma} \vec{A} \cdot \mathrm{d}\vec{l} = \iint\limits_{S(\Gamma)} \mathbf{rot}\,\vec{A} \cdot \mathrm{d}\vec{S}$ 可得

$$-\frac{\mathrm{d}}{\mathrm{d}t} \oint_{\Gamma} \vec{A} \cdot \mathrm{d}\vec{l} = -\frac{\mathrm{d}}{\mathrm{d}t} \iint\limits_{S(\Gamma)} \mathbf{rot}\,\vec{A} \cdot \mathrm{d}\vec{S} = -\frac{\mathrm{d}}{\mathrm{d}t} \iint\limits_{S(\Gamma)} \vec{B} \cdot \mathrm{d}\vec{S} = -\frac{\mathrm{d}\Phi}{\mathrm{d}t} = e \tag{4.6}$$

其中,$S(\Gamma)$ 表示封闭回路 Γ 对应的开放曲面,曲面的面元方向按照右手定则确定,即右手四指顺着回路绕行方向,大拇指的指向即为曲面的面元方向。

定律 4.1　法拉第定律

处于变化磁场中的固定不动且无形变的闭合电路会产生的感应电动势 e 等于通过此电路回路的磁通量 Φ 随时间变化率的负值,即

$$e = -\frac{\mathrm{d}\Phi}{\mathrm{d}t} \tag{4.7}$$

说明

① 法拉第电磁感应定律是法拉第在 1831 年发现的,此定律也是麦克斯韦-法拉第方程建立的基础。

② 法拉第定律虽然在定义时提及的是固定不动且无形变的电路,但实际上对于有形变或运动的电路此定律仍然适用。电路的运动或形变本质上就是通过电路的磁通量发生改变,从而导致感应电动势的产生,这就是后面要研究的洛伦兹电磁感应情况。

③ 法拉第定律中涉及的封闭回路方向和对应曲面方向有着严格的对应关系,因此在实际应用中要注意正方向的约定。

在处理纽曼电磁感应问题时,一般可按如下步骤求解电路中的感应电流:

① 首先按任意方向约定电路中电流的正方向；

② 根据右手定则约定电路回路 Γ 所在曲面 $S(\Gamma)$ 的正方向；

③ 计算外磁场通过电路回路对应曲面的磁通量：

$$\iint_{S(\Gamma)} \vec{B} \cdot \mathrm{d}\vec{S} = \oint_{\Gamma} \vec{A} \cdot \mathrm{d}\vec{l}$$

④ 回路中因磁通量变化产生的感应电动势正方向与电流约定正方向相同，根据法拉第电磁感应定律计算感应电动势：

$$e = -\frac{\mathrm{d}\Phi}{\mathrm{d}t}$$

⑤ 画出包含感应电动势的等效电路图，根据回路电压定律即可求解感应电流。

练习 4.1 环形线圈中的感应电流

如图 4.2 所示，中心为 O、半径为 a、电阻为 R 的一匝环形金属线圈放置在一随时间变化的磁场当中，环形线圈以 Oz 为中心轴。给出外磁场随时间变化形式：

$$\vec{B}(t) = B_0 \cos(\omega t)\vec{u}_z$$

求此线圈中产生的感应电流的表达式。

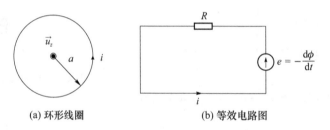

(a) 环形线圈　　　　　　　　　　(b) 等效电路图

图 4.2　环形线圈及其等效电路图

参考答案：$i(t) = \dfrac{\pi a^2 B_0 \omega}{R} \sin(\omega t)$。

定律 4.2 楞次定律

感应电流具有这样的方向，即感应电流的磁场总要阻碍引起感应电流的磁通量的变化。

说明

① 楞次定律还可表述为感应电流的效果总是反抗引起感应电流的原因。法拉第电磁感应定律中的负号诠释了这里"反抗"的物理含义。

② 练习 4.1 中，在计算磁通量时，只考虑到了外部磁场。严格意义上，也应当考虑由线圈本身产生的磁通。而线圈本身的磁通量大小又该如何计算？下一小节将使用线圈的自感系数来解决此问题。

4.1.2　自感和互感

两个线圈 C_1 和 C_2，各线圈的电流正方向如图 4.3 所示约定。记 $\vec{B}_1$ 和 $\vec{B}_2$ 分别为由电流 i_1 和 i_2 产生的磁场，一个线圈产生的磁场通过另外一个电路时会产生磁通量，通过线圈本身也会产生磁通量。

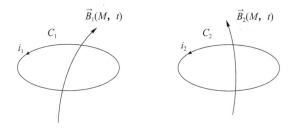

图 4.3 两环形通电线圈

定义 4.2 固有磁通量

由电路本身产生的磁场引起的磁通量被称为固有磁通量。磁通量通常用 Φ 表示,其单位为韦伯(Wb)。

如果记 $\Phi_{i\to j}$ 为线圈 i 产生的磁场在线圈 j 中引起的磁通量,那么图 4.3 中其中一个线圈产生的磁场对另外一个线圈的磁通量可分别表示为

$$\Phi_{1\to 2} = \iint\limits_{C_2} \vec{B}_1 \cdot \mathrm{d}\vec{S}_2; \quad \Phi_{2\to 1} = \iint\limits_{C_1} \vec{B}_2 \cdot \mathrm{d}\vec{S}_1 \qquad (4.8)$$

固有磁通量可记为 $\Phi_{i\to i}$ 或 $\Phi_{j\to j}$,图 4.3 中两个线圈的固有磁通量可分别表示为

$$\Phi_{1\to 1} = \iint\limits_{C_1} \vec{B}_1 \cdot \mathrm{d}\vec{S}_1; \quad \Phi_{2\to 2} = \iint\limits_{C_2} \vec{B}_2 \cdot \mathrm{d}\vec{S}_2 \qquad (4.9)$$

根据毕奥-萨伐尔定律可知,通电线圈在空间中产生的磁场与通过线圈的电流成正比,因此可根据以下表达式定义比例系数 L_1, L_2:

$$\Phi_{1\to 1} = L_1 i_1; \quad \Phi_{2\to 2} = L_2 i_2 \qquad (4.10)$$

其中,L_1 为与线圈 C_1 有关的系数,L_2 为与线圈 C_2 有关的系数。

$$\Phi_{1\to 2} = M_{1\to 2} i_1; \quad \Phi_{2\to 1} = M_{2\to 1} i_2 \qquad (4.11)$$

其中,$M_{1\to 2}$ 和 $M_{2\to 1}$ 表示线圈 C_1 对 C_2 的之间耦合关系的系数。

上述 4 个系数仅取决于电路的几何形状。为了准确地计算这些系数,需要利用毕奥-萨伐尔定律将各线圈的磁场计算出来,然后再根据线圈的几何形状计算出式(4.8)和式(4.9)的积分结果。除了在线圈几何形状比较特殊情况下,通常关于以上积分的计算是非常复杂的。不过,根据图 4.3 所示线圈给出的电流正方向和回路绕行正方向相同的情况下,如果 $i_1 > 0$,线圈 C_1 产生的磁场在线圈内部总体向上,通过线圈的磁通量为正,由式(4.9)可以判断系数 L_1 为正;如果 $i_1 < 0$,线圈 C_1 产生的磁场在线圈内部总体向下,通过线圈的磁通量为负,可以判断系数 L_1 仍为正。同理可以得出系数 L_2 也为正。

定义 4.3 自感系数

电路线圈的固有磁通量与流经电路的电流大小成正比,这个正比例系数定义为线圈的自感系数:

$$\Phi_{1\to 1} = L_1 i_1; \quad \Phi_{2\to 2} = L_2 i_2$$

自感系数的大小与线圈几何形状相关,单位为亨利(Henry),简记为 H。

定义 4.4　互感系数

一通电电路线圈对另外电路线圈产生的磁通量与流经电路自身的电流大小成正比,这个比例系数定义为线圈的互感系数:

$$\Phi_{1\rightarrow 2}=M_{1\rightarrow 2}i_1;\quad \Phi_{2\rightarrow 1}=M_{2\rightarrow 1}i_2$$

互感系数的大小与另外电路线圈几何形状相关,单位为亨利 (Henry),简记为 H。

说明

① 可以证明(不作要求),定义 4.4 中的两个线圈的互感系数 $M_{1\rightarrow 2}$ 和 $M_{2\rightarrow 1}$ 相等的,记为 $M_{1\rightarrow 2}=M_{2\rightarrow 1}=M$。

② 互感系数的正负取决于线圈回路绕行正方向的约定,因此它是可正可负的。

练习 4.2　电感系数的计算

(1) 如图 4.4 所示,一截面积为 S_1、长度为 l_1、匝数为 N_1 的线圈 1 沿 Oz 方向水平放置,在不考虑线圈两端边界效应的情况下计算线圈 1 的自感系数 L_1。已知:$N_1=1\,000$ 匝,$S_1=10^{-3}\,\mathrm{m}^2$,$l_1=0.1\,\mathrm{m}$。

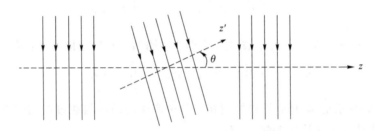

图 4.4　两电感线圈

(2) 图 4.4 中,另一截面积为 S_2、长度为 l_2、匝数为 N_2 的小线圈 2 沿 Oz' 方向放置于线圈 1 当中,两线圈轴线夹角为 θ。假定在 $\theta=0°$ 时,两线圈中轴线重合且电路方向相同。计算两个线圈之间的互感系数。

参考答案:(1) $L_1=\mu_0\dfrac{N_1^2}{l_1}S_1=12\,\mathrm{mH}$;(2) $M=\mu_0\dfrac{N_1}{l_1}N_2S_2\cos\theta$。

说明

自感系数单位亨利是一个较大的单位,数值计算表明,线圈 1 的自感系数远低于 1 H。想要增加线圈的自感系数可以通过在螺线管中引入铁磁芯。此时真空磁导率 μ_0 将被替换成为 $\mu_0\mu_r$,这里 μ_r 是一无量纲系数,称之为相对磁导率,相关内容会在后续章节学习。

图 4.5 为两个相互耦合的电路简图。图中双箭头符号表示两线圈之间存在耦合;互感耦合系数 M 是代数量,具体是正耦合还是负耦合取决于两电路的电流方向和线圈绕行方向。约定两电路电流正方向如图 4.5 所示,图中右边电路为等效电路。电路中通过每个线圈的磁通量分别可表示为

$$\Phi_1=L_1i_1+Mi_2;\quad \Phi_2=L_2i_2+Mi_1 \tag{4.12}$$

应用法拉第电磁感应定律,可分别表示出两个电路中产生的纽曼感应电动势:

$$e_1=-\frac{\mathrm{d}\Phi_1}{\mathrm{d}t}=-L_1\frac{\mathrm{d}i_1}{\mathrm{d}t}-M\frac{\mathrm{d}i_2}{\mathrm{d}t};\quad e_1=-\frac{\mathrm{d}\Phi_2}{\mathrm{d}t}=-L_2\frac{\mathrm{d}i_2}{\mathrm{d}t}-M\frac{\mathrm{d}i_1}{\mathrm{d}t} \tag{4.13}$$

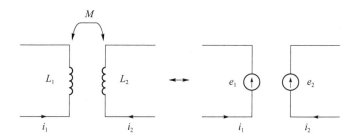

图 4.5　耦合电路及其等效电路图

图 4.5 所示的等效电路图中感应电势的表达式由式(4.13)给出,感应电动势方向按照发生器约定原则与电路中电流约定方向保持一致。

4.1.3　磁　能

如图 4.6 所示,通过电感线圈 L_1 和 L_2 耦合的两个电路, 每个电路包含一个电压源(E_1/E_2)和一个电阻(R_1/R_2)。

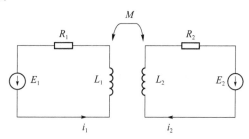

图 4.6　耦合电路

根据式(4.13)可知,电路中的电流随时间变化会产生感应电动势 e_1 和 e_2。对左右两个电路应用回路电压定律,可得

$$E_1 - L_1\,\frac{\mathrm{d}i_1}{\mathrm{d}t} - M\,\frac{\mathrm{d}i_2}{\mathrm{d}t} = R_1 i_1 ; \quad E_2 - L_2\,\frac{\mathrm{d}i_2}{\mathrm{d}t} - M\,\frac{\mathrm{d}i_1}{\mathrm{d}t} = R_2 i_2 \tag{4.14}$$

为了分析两个电路间的能量转换问题,式(4.14)第 1 个等式左右两边同乘以 i_1,第 2 个等式左右两边同乘以 i_2,可得到以下方程:

$$E_1 i_1 + E_2 i_2 = R_1 i_1^2 + R_2 i_2^2 + L_1 i_1\,\frac{\mathrm{d}i_1}{\mathrm{d}t} + L_2 i_2\,\frac{\mathrm{d}i_2}{\mathrm{d}t} + M i_1\,\frac{\mathrm{d}i_2}{\mathrm{d}t} + M i_2\,\frac{\mathrm{d}i_1}{\mathrm{d}t} \tag{4.15}$$

很容易看出,等号左边 $E_1 i_1 + E_2 i_2$ 部分表示两个电源发出的电功率;右边 $R_1 i_1^2 + R_2 i_2^2$ 部分表示电路中两个电阻产生的焦耳热功率;右边 $L_1 i_1\,\dfrac{\mathrm{d}i_1}{\mathrm{d}t} + L_2 i_2\,\dfrac{\mathrm{d}i_2}{\mathrm{d}t} + M i_1\,\dfrac{\mathrm{d}i_2}{\mathrm{d}t} + M i_2\,\dfrac{\mathrm{d}i_1}{\mathrm{d}t}$ 部分包含 4 项,它们与电流随时间的变化率、自感系数和互感系数相关,如将这 4 项写作以下形式:

$$\frac{\mathrm{d}}{\mathrm{d}t}\left(\frac{1}{2}L_1 i_1^2 + \frac{1}{2}L_2 i_2^2 + M i_1 i_2\right) \tag{4.16}$$

并对式(4.15)进行量纲分析,很容易看出 $\dfrac{1}{2}L_1 i_1^2 + \dfrac{1}{2}L_2 i_2^2 + M i_1 i_2$ 应当为与能量相关的物理量,而且在没有电流的情况下,此物理量为零。

定义 4.5　耦合电路中的磁能

两个磁耦合线圈电路的磁能可表示为

$$\frac{1}{2}L_1 i_1^2 + \frac{1}{2}L_2 i_2^2 + M i_1 i_2$$

其中,$\dfrac{1}{2}L_1 i_1^2$ 和 $\dfrac{1}{2}L_2 i_2^2$ 分别表示两个电路中自感线圈中包含的磁能,$M i_1 i_2$ 为两个线圈周围的

耦合磁能。

当然,耦合线圈整体拥有的磁能也可以利用以下积分公式计算:

$$E_p = \iiint\limits_V \frac{1}{2\mu_0} \vec{B}^2(M, t) d\tau \tag{4.17}$$

必须说明,在不考虑线圈边界效应的情况下,对于单独一个通电线圈来说,利用式(4.17)计算出的线圈中包含的磁能与利用 $\frac{1}{2}Li^2$ 计算的结果是一致的。

例题 4.1 线圈中的磁能

考虑一截面积为 S、长度为 l、匝数为 N 的螺线管沿其中轴线 Oz 方向放置。已知在忽略边界效应的情况下其自感系数 $L = \mu_0 \frac{N^2}{l} S$。当线圈通过电流 i 时,根据定义可计算线圈磁能:

$$E_p = \frac{1}{2}Li^2 = \frac{1}{2}\mu_0 \frac{N^2}{l}Si^2 \tag{4.18}$$

如忽略边界效应,线圈中的磁场近似均匀($\vec{B} = \mu_0 \frac{N}{l}i \vec{u}_z$),线圈外部磁场近似为零,那么磁能根据式(4.17)计算为

$$E_p = \iiint\limits_V \frac{1}{2\mu_0} \vec{B}^2(M, t) d\tau = \frac{1}{2\mu_0}\left(\mu_0 \frac{N}{l}i\right)^2 lS = \frac{1}{2}\mu_0 \frac{N^2}{l}Si^2 \tag{4.19}$$

本例题也说明使用以上两种办法计算线圈中磁场能均可行。

说明

对于线圈磁能的计算,这里忽略边界效应,假设线圈外磁场为零。以上仅为近似处理,实际上线圈外磁场虽小,但对磁能也有不可忽视的贡献,因此将空间分为以下 3 个区域:

① 在线圈内部,磁场几乎是均匀的,且有 $\vec{B} = \mu_0 \frac{N}{l}i \vec{u}_z$;

② 在接近线圈的两端处,在约一倍线圈直径的范围内,磁场场强急剧降低,且有磁感线迅速分散分布特点;

③ 在远离线圈处,可以使用磁偶极子模型近似,磁场按 $\frac{1}{r^3}$ 规律减小,因此 $\frac{\vec{B}^2}{2\mu_0}$ 正比于 $\frac{1}{r^6}$。

如果线圈足够长(远大于它的直径),通过磁能积分计算很容易看出磁场能量主要集中在线圈内部(证明过程在"电磁学基础"中已有介绍,这里不做详细说明)。

(1)自感系数计算方法

如果已知如何表示电感线圈在任何空间场点产生的磁场,就可以利用磁能积分公式计算电路中线圈的自感系数:

$$L = \frac{2E_p}{i^2} = \frac{2}{i^2}\iiint\limits_V \frac{1}{2\mu_0} \vec{B}^2(M, t) d\tau \tag{4.20}$$

(2)断路电弧

作为一个孤立回路的电感线圈,其磁能 $E_p = \frac{1}{2}Li^2$,可见磁场能与电流强度的平方成正

比,因此直接断开开关中断线圈回路中的电流具有危险性。由于线圈中的磁场能量是连续的,在断开回路时,能量不可能凭空消失,它只能通过某种方式转化为其他形式的能量,因此在断开电路时,开关触头之间的空气会被高强电场击穿从而形成电弧,最终线圈中的能量通过焦耳效应转为电弧产生的热能。这里所说的高强电场的产生仍然属于电磁感应现象的一种,当电路中的电流 i 突变时,它对时间求导的绝对值趋于无穷大,因此感应电动势 $e = -L\dfrac{\mathrm{d}i}{\mathrm{d}t}$ 将趋于无穷大,这迫使电路产生极强的电场以击穿开关触头而产生电弧。电弧在某些工业用电领域对电力设备、动力设备的断路器有破坏作用,因此应当避免,常用的方法是使用灭弧器。

4.1.4 非细导线电路中的纽曼电磁感应

前面研究的电磁感应都是针对细导线电路,即不考虑电路中导线的粗细。实际上,很多金属导线的粗细都是不可忽略的,尤其是工业应用中的导体有些尺寸都比较大。但是不管什么情况,磁通量的概念是不变的。在金属导线为体材料情况下,计算体材料中某封闭曲线的环量或对应曲面的通量的方法都是相同的。例如,当导体是一块处在一个时变磁场中的金属时,通过纽曼电磁感应原理可知感应电动势也可使金属导体产生感应电流,体材料中的感应电流被称为**傅科电流**(涡流)。对于对称性比较好的金属体材料,通常用以下两种方法计算傅科电流。

方法一:

① 先确定外磁场 $\vec{B}(M,t)$ 的对称面;

② 由微分关系式 $\vec{B} = \mathbf{rot}\vec{A}$ 可证明磁矢势 $\vec{A}$ 与磁场 $\vec{B}$ 具有对称性相反的特点,再根据对称性分析出磁矢势 $\vec{A}$ 的方向;

③ 选择合适的封闭曲线 Γ(封闭曲线的选择原则为尽量顺着或垂直于磁矢势 $\vec{A}$),找出封闭曲线 Γ 对应的曲面 $S(\Gamma)$,计算等式 $\vec{B} = \mathbf{rot}\vec{A}$ 相对于此曲面的面积分 $\iint\limits_{S(\Gamma)} \vec{B} \cdot \mathrm{d}\vec{S} = \oint\limits_{\Gamma} \vec{A} \cdot \mathrm{d}\vec{l}$,进而可求得磁矢势 $\vec{A}$;

④ 根据纽曼感应电场的定义求得 $\vec{E}_{\mathrm{m}} = -\dfrac{\partial \vec{A}}{\partial t}$;

⑤ 根据欧姆定律求得傅科电流 $\vec{j} = \gamma \vec{E}_{\mathrm{m}}$。

方法二:

① 先分析 $\dfrac{\partial \vec{B}(M,t)}{\partial t}$ 的对称面;

② 由微分方程 $\mathbf{rot}\vec{E}_{\mathrm{m}} = -\dfrac{\partial \vec{B}}{\partial t}$ 可证明感应电场 $\vec{E}_{\mathrm{m}}$ 与磁场随时间变化率 $\dfrac{\partial \vec{B}(M,t)}{\partial t}$ 具有对称性相反的特点,再根据对称性分析出感应电场 $\vec{E}$ 的方向;

③ 选择合适的封闭曲线 Γ(封闭曲线的选择原则为尽量顺着或垂直于感应电场 $\vec{E}_{\mathrm{m}}$),找出封闭曲线 Γ 对应的曲面 $S(\Gamma)$,计算等式 $\mathbf{rot}\vec{E}_{\mathrm{m}} = -\dfrac{\partial \vec{B}}{\partial t}$ 相对于此曲面的面积分,进而可求

得感应电场 $\vec{E}$：

$$\oint_{\Gamma} \vec{E}_m \cdot d\vec{l} = \iint_{S(\Gamma)} -\frac{\partial \vec{B}}{\partial t} \cdot d\vec{S} = -\frac{d\Phi}{dt}$$

④ 根据欧姆定律求得傅科电流 $\vec{j} = \gamma \vec{E}_m$。

4.2　洛伦兹电磁感应

研究电路在一存在稳态磁场的参考系中运动时,因电路的运动而引起感应电流的现象被称为**洛伦兹电磁感应现象**。磁场对运动电路的作用相当于在电路中引起一个感应电动势,称之为**洛伦兹动生电动势**。

通过欧姆定律可以建立感应电流和动生电动势的关系。

性质 4.1　欧姆定律

在德鲁德模型中,电流可写作 $\vec{j} = \sum_i n_i q_i \vec{v}_i$,其中 $\vec{v}_i$ 表示载流子相对于导体的运动速度。因此欧姆定律 $\vec{j} = \gamma \vec{E}$ 在导体参考系中也是适用的。

到目前为止,本书仅研究了同一参考系中的电磁学问题,为了在导体参考系中应用欧姆定律,应当知道运动导体中的电磁场。在实验室参考系中,电磁场通常是已知的,但是参考系转化到运动导体参考系后,电磁场是否会发生变化呢? 本节首先解决这一问题。

4.2.1　电磁场的参考系变换

首先从分析实验室参考系中一移动的点电荷周围的电磁场分布情况入手:

① 在实验室参考系中,点电荷周围会产生电场;另外,如果点电荷在实验室参考系运动,也会形成电流,因此参考系中也会有磁场产生。

② 如研究以电荷质心为中心的质心参考系,电荷是固定不动的,因此只有静电场产生。

通过以上问题的研究可以看出,磁场在一个参考系中为零,而在另外一个参考系中不为零。电场在一个参考系中为静电场,而在另外一个参考系中是动电场。这充分说明电磁场随着参考系变换是会发生变化的。

实际上,电磁场参考系变换的严格推导需要考虑狭义相对论问题。假设存在两个参考系 R_1 和 R_2,R_2 相对于 R_1 仅做平动运动,其牵连速度记为 $\vec{v}$,$(\vec{E}_1, \vec{B}_1)$ 和 $(\vec{E}_2, \vec{B}_2)$ 分别表示参考系 R_1 和 R_2 中的电磁场。在参考系变换时,这些场变换的公式很复杂,这里不做展开,具体内容在狭义相对论参考书中都有介绍,这里只研究牵连速度远小于光速($\| \vec{v} \| \ll c$)条件下的两种极端情况:

① 如果电场占主导地位($\| \vec{E}_1 \| \gg c \| \vec{B}_1 \|$),参考系 R_1 和 R_2 中电磁场变换关系为

$$\vec{E}_2 = \vec{E}_1; \quad \vec{B}_2 = \vec{B}_1 - \frac{\vec{v}}{c^2} \wedge \vec{E}_1 \qquad (4.21)$$

② 如果磁场占主导地位($\| \vec{E}_1 \| \ll c \| \vec{B}_1 \|$),参考系 R_1 和 R_2 中电磁场变换关系为

$$\vec{E}_2 = \vec{E}_1 + \vec{v} \wedge \vec{B}_1; \quad \vec{B}_2 = \vec{B}_1 \tag{4.22}$$

在研究电磁感应问题时,一般来讲,线路外部磁场占据主导地位,且外磁场随时间变化的频率比较低,不考虑电磁场的传播效应,可以使用 2.5 节磁学准稳态条件。因此,在研究问题时使用式(4.22)作为电磁场变换关系。

其实,关系式(4.22)可以通过以下简单推导过程来建立。

如图 4.7 所示,参考系 R_0 是一个以载流子质心为原点的质心参考系,载流子电量记为 q,质心位置记为 M,可在电路导体中自由移动。

记参考系 R_1 为实验室参考系,以 O 点中心,在此参考系中存在一个固定不变的电磁场,记 $(\vec{E}_1, \vec{B}_1)$ 为对 M 点引起的电磁场。

记参考系 R_2 为导体参考系,以 O' 点为中心,此参考系相对于实验室参考系 R_1 做平动,记 $(\vec{E}_2, \vec{B}_2)$ 为对 M 点引起的电磁场。

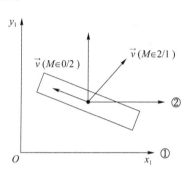

图 4.7　参考系变换

在牛顿力学原理中,作用力不随参考系的变化发生变化,因此在不同参考系中电磁场对载流子施加的广义洛伦兹力是不变的,即

$$q\left[\vec{E}_1 + \vec{v}(M \in 0/1) \wedge \vec{B}_1\right] = q\left[\vec{E}_2 + \vec{v}(M \in 0/2) \wedge \vec{B}_2\right] \tag{4.23}$$

由于参考系 R_2 相对于 R_1 平移,根据坐标系变换时的速度关系:

$$\vec{v}(M \in 0/1) = \vec{v}(M \in 0/2) + \vec{v}(M \in 2/1) \tag{4.24}$$

其中,$\vec{v}(M \in 0/1)$ 表示载流子 M 相对于实验室参考系 R_1 的速度,$\vec{v}(M \in 0/2)$ 表示载流子 M 相对于导体参考系 R_2 的速度。$\vec{v}(M \in 2/1)$ 表示导体参考系 R_2 相对于实验室参考系 R_1 的平动速度。式(4.23)和式(4.24)结合在一起可得

$$\vec{E}_1 + \vec{v}(M \in 0/2) \wedge \vec{B}_1 + \vec{v}(M \in 2/1) \wedge \vec{B}_1 = \vec{E}_2 + \vec{v}(M \in 0/2) \wedge \vec{B}_2 \tag{4.25}$$

但从数学上来分析,无论载流子 M 相对于导体的速度如何,要想使式(4.25)恒成立,需要 $\vec{v}(M \in 0/2)$ 的系数相等即可,因此有

$$\vec{E}_2 = \vec{E}_1 + \vec{v}(M \in 2/1) \wedge \vec{B}_1; \quad \vec{B}_2 = \vec{B}_1 \tag{4.26}$$

需要说明的是,以上伽利略参考系变换后的电磁场关系仅在磁学准稳态近似条件下成立。

性质 4.2　磁学准稳态近似下伽利略参考系变换后的电磁场

记导体参考系 R_2 相对于实验室参考系 R_1 做平移运动,在磁学准稳态近似条件下($\parallel \vec{E}_1 \parallel \ll c \parallel \vec{B}_1 \parallel$),导体参考系 R_2 与实验室参考系 R_1 中的载流子处的电磁场满足以下关系:

$$\vec{B}_2 = \vec{B}_1; \quad \vec{E}_2 = \vec{E}_1 + \vec{v}_e \wedge \vec{B}_1 \tag{4.27}$$

其中,$\vec{v}_e$ 表示导体参考系 R_2 相对于实验室参考系 R_1 的牵连速度。

4.2.2　洛伦兹动生电场

式(4.27)的结论表明参考系的变化不会引起磁场的变化,因此可以将两个参考系中的磁

场均记为 $\vec{B}$,只是在导体参考系中的电场发生变化:$\vec{E}_2 = \vec{E}_1 + \vec{v}_e \wedge \vec{B}$。

定义 4.6 洛仑兹动生电场

记 $\vec{v}_e$ 为导体参考系 R_2 相对于实验室参考系 R_1 的牵连速度,$\vec{B}$ 为实验室参考系 R_1 中的磁场,定义洛仑兹动生电场为

$$\vec{E}_m = \vec{v}_e(M,t) \wedge \vec{B}(M) \tag{4.28}$$

定义 4.7 洛仑兹动生电动势

定义洛仑兹动生电动势为动生电场对于电路中闭合回路(C)的积分:

$$e = \oint_{(C)} \vec{E}_m \cdot d\vec{l} \tag{4.29}$$

4.2.3 拉普拉斯轨道实例

拉普拉斯轨道常用于解释发电机或电动机原理。如图 4.8 所示,拉普拉斯轨道主要由两根水平且相互平行的金属铜轨道以及一根垂直于金属铜轨道的金属铜棒构成,金属铜棒主要用于封闭电路回路。金属铜棒记为 CD,可在水平轨道上自由滑动。电路整体等效电阻记为 R,电路中电流的正方向可以按任意方向约定,这里假定逆时针方向为正。

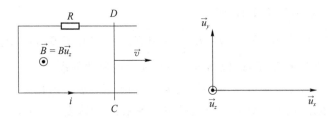

图 4.8 拉普拉斯轨道

一操作者推动金属棒 CD 以速度 $\vec{v} = v\,\vec{u}_x$ 沿着 Ox 轴方向移动,拉普拉斯轨道系统整体处于一个与时间无关的外部磁场中。金属棒 CD 上点 M 处的动生电场为

$$\vec{E}_m = \vec{v}(M) \wedge \vec{B}(M) = v\,\vec{u}_x \wedge B\,\vec{u}_z = -vB\,\vec{u}_y \tag{4.30}$$

其中,$\vec{v}(M \in CD/R)$ 表示金属棒参考系 CD 相对于实验室固定参考系 R 的运动速度。通过计算封闭回路中 $\vec{E}_m$ 的环量可得到电路中的**动生电动势** e。

说明

金属棒在磁场中运动而切割磁感线产生电动势,其作用相当于一个等效电源,可使闭合电路产生感应电流。按照发生器中电压和电流的方向关系,等效电源这个发生器的电动势方向应与电流方向相同。本问题开始假设电流方向以逆时针为正,因此在计算动生电动势时积分方向也应与电流约定方向相同,即

$$e = \oint_{(C)} \vec{E}_m \cdot d\vec{l} = \int_C^D \vec{E}_m \cdot d\vec{l} \tag{4.31}$$

在本问题中,动生电动势具体表达式为

$$e = \int_C^D \vec{E}_m \cdot \mathrm{d}\vec{l} = \int_C^D -vB\,\vec{u}_y \cdot \mathrm{d}y\,\vec{u}_y = \int_0^l -vB\,\mathrm{d}y = -vBl \qquad (4.32)$$

图 4.9 给出了等效电路，根据回路电压定律可求得回路中产生的感应电流为

$$i = \frac{e}{R} = -\frac{vBl}{R} \qquad (4.33)$$

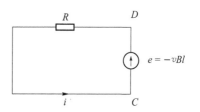

图 4.9　等效电路图

说明

① 如果约定电流正方向为顺时针方向，动生电动势的积分将从 D 到 C，积分结果为 $e = +vBl$。然而，在等效电路图中电动势也将变成从 D 指向 C，从而得到感应电流为 $i = \dfrac{vBl}{R}$，这表示实际电流就按顺时针方向流动，与前面约定计算得到的结论相同。说明感应电流的实际方向与正方向的约定无关。

② 当金属棒速度 $v > 0$，通过电路的磁通量 $\Phi = BS(t)$ 增加，计算得到感应电流为顺时针方向。由感应电流产生的磁场与外部磁场方向是相反的，说明感应电流的产生会阻碍磁通量的增加，这正是楞次定律要表述的内容。实际上，拉普拉斯轨道因为可以看成仅有一匝的电感线圈，其自感系数很小，感应电流所引起的磁场对于外部磁场大小通常是微不足道的，因此计算磁通量时一般无须考虑感应电流引起的磁通量。

③ 选定感应电流 i 以逆时针方向为正方向后，则通过电路的磁通量 $\Phi(t) = BS(t)$，这里 $S(t) = lx(t)$ 表示电路包含的面积，注意到 $-\dfrac{\mathrm{d}\Phi(t)}{\mathrm{d}t} = -Bl\,\dfrac{\mathrm{d}x}{\mathrm{d}t} = -vBl$，因此可以看出法拉第定律 $e = -\dfrac{\mathrm{d}\Phi(t)}{\mathrm{d}t}$ 对洛仑兹电磁感应现象也是适用的。

性质 4.3　法拉第定律的推广

法拉第电磁感应定律对于解释纽曼电磁感应现象和洛仑兹电磁感应想象都有效。

拉普拉斯轨道中的金属棒 CD 在运动时切割磁感线，产生动生电动势，金属棒处于闭合电路中自身也有感应电流通过；通电的金属棒处于磁场当中会受到洛仑兹力的作用，也称这种类型的力为**拉普拉斯力**。

"电磁学基础"中学习过，一体积为 $\mathrm{d}\tau$ 的金属导体体积元通以体电流密度 $\vec{j}$，则该体积元受到的拉普拉斯力可表示为

$$\mathrm{d}\vec{F}_L = \vec{j}\,\mathrm{d}\tau \wedge \vec{B} \qquad (4.34)$$

对于金属导体中的面电流元 $\vec{j}_s\mathrm{d}S$ 或线电流元 $i\,\mathrm{d}\vec{l}$ 的情况，拉普拉斯力可分别表示为

$$\mathrm{d}\vec{F}_L = \vec{j}_s\mathrm{d}S \wedge \vec{B}; \quad \mathrm{d}\vec{F}_L = i\,\mathrm{d}\vec{l} \wedge \vec{B} \qquad (4.35)$$

如忽略拉普拉斯轨道系统中金属棒的粗细，可将金属棒流经的电流看作线电流，则金属棒上某点受到的拉普拉斯力的表达式为 $i\,\mathrm{d}\vec{l} \wedge \vec{B}$，这里的电流 i 是代数量。计算金属棒受到拉普拉斯力合力应对金属棒整体长度进行积分，即

$$\vec{F}_L = \int d\vec{F}_L \tag{4.36}$$

应当注意,在计算拉普拉斯合力时应按照电流约定正方向来进行积分,因此在计算之前必须约定电流正方向。例如,图 4.8 中,约定电流正方向为逆时针方向,金属棒受到的拉普拉斯合力为

$$\vec{F}_L = \int_C^D i\,d\vec{l} \wedge \vec{B} = \int_0^l i\,dy\vec{u}_y \wedge B\vec{u}_z = \int_0^l -\frac{vBl}{R}\,dyB\vec{u}_x = -\frac{vB^2l^2}{R}\vec{u}_x \tag{4.37}$$

从式(4.37)可以看出,无论金属棒朝哪个方向运动,拉普拉斯力总是与速度方向相反,它具有阻碍金属棒运动的效果,这也是洛仑兹电磁感应问题中楞次定律表述的内容,即拉普拉斯力总是阻碍产生感应电流的物体的运动。

在拉普拉斯轨道参考系中,拉普拉斯力对金属棒的机械功率为

$$P_L = \vec{F}_L \cdot \vec{v} = -\frac{vB^2l^2}{R}\vec{u}_x \cdot v\vec{u}_x = -\frac{v^2B^2l^2}{R} \tag{4.38}$$

另外,图 4.9 中金属棒运动产生的动生电动势 e 输出的电功率为

$$P_e = e \cdot i = \frac{e^2}{R} = \frac{v^2B^2l^2}{R} \tag{4.39}$$

不难发现,$P_{Lapace} = -P_e$。这说明金属棒受到的拉普拉斯力对应的机械功率与金属棒运动产生的动生电动势的电功率互为相反数。

性质 4.4 洛仑兹电磁感应中的能量分析

在洛仑兹电磁感应问题中,电路运动部分产生的感应电动势发出的电功率与电路运动部分受到拉普拉斯力的机械功率互为相反数。

从能量角度分析,在金属棒运动过程中,外界操作者对金属棒做正功,拉普拉斯力做负功,金属棒如在水平放置的拉普拉斯轨道中做匀速直线运动,则其机械能不变。由性质 4.4 可知,金属棒运动产生的动生电动势发出的电功率与拉普拉斯力的动功率互为相反数,由此可以理解为操作者做的正功转化为电路中的等效电动势产生的电能。以上分析没有考虑运动过程中的机械损耗等耗散现象,所以这种功率转化效率为 100%。以上拉普拉斯轨道中金属棒的运动产生感应电动势问题可用于解释发电机工作的基本原理。

4.2.4 电动机原理

4.2.3 小节中研究的拉普拉斯轨道问题中金属棒在外磁场中运动产生动生电动势原理可以应用于发电机;相反,如果电路中由外部电源供电,原来静止的金属棒通电后受到拉普拉斯力作用而启动,这一原理可应用于电动机。下面仍然通过拉普拉斯轨道问题来解释这一原理。

如图 4.10 所示,拉普拉斯轨道水平放置,其整体处于垂直于纸面方向的磁场 $\vec{B} = B\vec{u}_z$ 中,磁场大小不变。金属棒 CD 初始时刻固定不动,电路中存在一个直流电源 E 和一个阻值为 R 的电阻,电路其他部分电阻忽略不计。在直流电源的作用下,电路会产生电流,金属棒通电后在拉普拉斯力的作用下启动,同时因为金属棒在磁场中运动会产生动生电动势 e,等效电路如图 4.10(b)所示。

下面介绍处理洛仑兹电磁感应电路中细导线运动问题的一般方法:

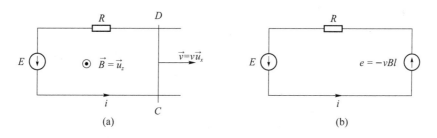

图 4.10　拉普拉斯轨道电动机模型及其等效电路图

① 首先约定电路中电流 i 的正方向；

② 通过动生电动势定义 $e = \oint (\vec{v} \wedge \vec{B}) \cdot \mathrm{d}\vec{l}$ 或法拉第电磁感应定律 $e = -\dfrac{\mathrm{d}\Phi}{\mathrm{d}t}$ 计算电路中的感应电动势，注意在计算动生电动势时其参考方向应与电流约定正方向相同；

③ 画出等效电路图，根据回路电压定律建立回路电学方程（关于电流 i 和速度 v 的方程）；

④ 计算运动电路所受的拉普拉斯力；

⑤ 对运动电路应用动力学基本原理，建立力学方程（关于电流 i 和速度 v 的方程）；

⑥ 联立电学方程和力学方程求解电路电流或运动速度。

因此，根据以上步骤，选择如图 4.10 所示的电流正方向，当金属棒 CD 以速度 v 运动时，动生电动势的计算过程与 4.2.3 小节一样，即

$$e = -\frac{\mathrm{d}\Phi}{\mathrm{d}t} = -vBl \tag{4.40}$$

根据回路电压定律建立关于电流和速度的电学方程：

$$E + e = Ri \Rightarrow E - vBl = Ri \tag{4.41}$$

以拉普拉斯轨道为伽利略参考系，假设金属棒可以在轨道上无摩擦地滑动，将金属棒看作质点，金属棒 CD 受到的重力为 $m\vec{g}$，轨道对金属棒的支持力为 $\vec{R}$，则金属棒受到的拉普拉斯作用力为

$$\vec{F}_L = \int_C^D i\,\mathrm{d}\vec{l} \wedge \vec{B} = \int_C^D i\,\mathrm{d}y\vec{u}_y \wedge B\vec{u}_z = \int_0^l i\,\mathrm{d}y\vec{u}_y \wedge B\vec{u}_z = ilB\vec{u}_x \tag{4.42}$$

根据以上受力分析，对金属棒应用动力学基本原理，可得

$$m\frac{\mathrm{d}\vec{v}}{\mathrm{d}t} = m\vec{g} + \vec{R} + \vec{F}_L = ilB\vec{u}_x \tag{4.43}$$

在 $\vec{u}_x$ 方向投影可得关于电流和速度的力学方程：

$$m\frac{\mathrm{d}v}{\mathrm{d}t} = ilB \tag{4.44}$$

由电学方程（4.41）和力学方程（4.44）联立，消去电流项可得

$$\frac{\mathrm{d}v}{\mathrm{d}t} + \frac{B^2 l^2}{mR}v = \frac{ElB}{mR} \Rightarrow \frac{\mathrm{d}v}{\mathrm{d}t} + \frac{1}{\tau}v = \frac{v_{\lim}}{\tau} \tag{4.45}$$

其中，$\tau = \dfrac{mR}{B^2 l^2}$ 记为特征时间，$v_{\lim} = \dfrac{E}{Bl}$ 记为极限速度。以上微分方程的通解为

$$v(t) = A\mathrm{e}^{-\frac{1}{\tau}t} + v_{\lim} \tag{4.46}$$

金属 CD 棒的初始速度为零,将其代入式(4.46)可求得金属棒的速度表达式:

$$v(t) = v_{\lim}(1 - e^{-\frac{t}{\tau}}) \tag{4.47}$$

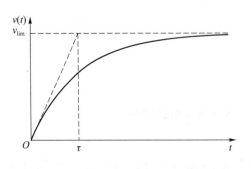

图 4.11 金属棒速度随时间变化关系图

(1) 电动机中的反向电动势

金属棒在拉普拉斯力作用下运动达到极限速度 $v_{\lim} = \dfrac{E}{Bl}$ 后,由电学方程(4.41)可推出此时电路中电流降为零。其实这是楞次定律所表述内容的一个极端情况,当金属棒达到极限速度时,其动生电动势也达到最大值,且与电路中电源电压大小相等、方向相反。在电动机工作过程中,动生电动势的电压方向与给电动机提供电能的电源电压方向总是相反的,一般将此动生电动势也称为**反向动生电动势**。

(2) 磁 矩

拉普拉斯轨道问题中的电动机模型涉及的金属棒的运动为平动,实际上大部分的电动机中线路都是做绕轴旋转运动,为了研究旋转发动机的电流与速度,需要回忆电磁学内容中磁矩的概念。

定义 4.8 磁矩和拉普拉斯力矩

面积为 S、通电电流为 i 的电路,其磁矩的表达式为

$$\vec{m} = i\vec{S} \tag{4.48}$$

其中,电路包含的面积矢量 $\vec{S}$ 对应的方向由右手定则决定。

一个刚性电路的磁矩 $\vec{m} = i\vec{S}$,处在一个均匀的磁场 $\vec{B}$ 中,并且受到拉普拉斯力的力矩作用,其力矩表达式为

$$\vec{\Gamma} = \vec{m} \wedge \vec{B} \tag{4.49}$$

这个力矩作用的效果是使磁矩 $\vec{m}$ 与磁场 $\vec{B}$ 同向。

表达式(4.49)无须证明,但要注意,这里的电路要求是刚性电路(运动中不发生形变的)且磁场在空间中是均匀分布的。

4.2.5 非细导线电路中的洛伦兹电磁感应

如图 4.12 所示,一金属圆盘以角速度 ω 绕中心轴 Oz 旋转,金属圆盘部分区域处在与时间无关的磁场 $\vec{B} = B\vec{e_z}$ 中。

根据洛伦兹电磁感应原理,磁场区域内的金属圆盘在旋转过程中切割磁感线产生动生电动势,因此会有涡流产生。金属圆盘上一点速度为

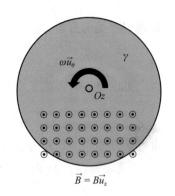

图 4.12 绕中心轴旋转的金属圆盘

$$\vec{v} = \omega r \vec{u}_\theta \tag{4.50}$$

因此洛仑兹动生电场为

$$\vec{E}_m = \vec{v} \wedge \vec{B} = \omega r \vec{u}_\theta \wedge B \vec{u}_z = \omega r B \vec{u}_r \tag{4.51}$$

由欧姆定律可知,圆盘中的体电流密度矢量可表示为

$$\vec{j} = \gamma \vec{E}_m = \gamma \omega r B \vec{u}_r \tag{4.52}$$

金属圆盘上通以此电流的体积元 $d\tau$ 受到的拉普拉斯作用力为

$$d\vec{F}_L = \vec{j} d\tau \wedge \vec{B} = \gamma \omega r B \vec{u}_r d\tau \wedge B \vec{u}_z \Rightarrow \frac{d\vec{F}_L}{d\tau} = -\gamma \omega r B^2 \vec{u}_\theta \tag{4.53}$$

可以看到拉普拉斯作用力是沿着 $-\vec{u}_\theta$ 方向,此力具有阻碍金属圆盘转动的作用,这就是电磁阻尼制动的基本原理。相对于传统机械式刹车盘,电磁阻尼制动具有以下几个方面的优点:

① 在制动过程中金属圆盘中涡流为体分布,因此在圆盘中产生的焦耳热比较分散,更利于散热;

② 电磁阻尼制动器属于无接触式制动,不存在机械磨损,因此它的寿命更长,可以减少汽车维修成本;

③ 电磁阻尼制动可以将动能转化为电能储存起来,更加节能环保。

说明

式(4.52)表明当有磁场存在时,电流方向为径向,如果磁场分布在金属圆盘所有区域,那么电荷会不断地向金属圆盘边缘聚集,导致电荷积累,形成的静电场会迅速地补偿因圆盘运动产生的动生电场,涡流将会不断减小,从而使制动力减弱甚至消失。据此分析可知,磁场不能分布在金属圆盘所有区域,而只能分布在圆盘局部。

汽车在利用电磁阻尼原理刹车过程中。磁场区域中金属圆盘的电流方向为径向,但电流可以通过圆盘中其他非磁场区域形成闭合回路,这样涡流不会中断,汽车制动力也不会消失。

习 题

4-1 电磁感应加热

在准稳态近似条件下,一中心轴为 Oz 轴、半径为 a、单位长度匝数为 n 的无限长螺线管通过 $i(t) = i_0 \cos(\omega t)$ 的电流。在螺线管内放置一半径为 $b < a$、长度为 L、电导率为 γ 的圆柱体金属棒,金属棒与螺线管同轴。

(1) 证明圆柱体金属棒内存在沿法向分布的感应电场 $\vec{E}(M,t)$;

(2) 使用以下两种方法求金属棒中的体电流密度矢量 $\vec{j}(M,t)$,求解时忽略感应电流产生的磁场。

方法一:将圆柱体看成是半径为 r、截面为 $drdz$ 的线圈的组合;

方法二:在金属棒中利用麦克斯韦-法拉第定律积分形式。

(3) 求在 Oz 轴处感应电流产生的磁感应强度相对于无限长螺线管产生的磁感应强度可

忽略的条件；

（4）求金属棒中因焦耳热效应消耗的功率平均值$\langle P_J \rangle$。

4-2 耦合线圈

如图 4.13 所示，两个电路均由一个电容器和电感线圈构成，左边电路中电容为 C_1，上极板带电量为 q_1，电流为 i_1，线圈电感为 L_1。右边电路中电容为 C_2，上极板带电量为 q_2，电流为 i_2，电感为 L_2。两个电感线圈相互耦合，耦合系数为 M。两电路中电流正方向按如图 4.13 所示方向约定。

在 $t = 0$ 时刻前，左边电路电容器处于完全充电状态，电量为 Q。右边电路电容器处于完全放电状态，电量为零。本题假定：$C_1 = C_2 = C$，$L_1 = L_2 = L$。

（1）在 $t = 0$ 时刻关闭开关 K，求 t 时刻左右两电路中电容器电荷量 $q_1(t)$ 和 $q_2(t)$；

（2）如果 $M \ll L$，求 t 时刻左右两电路中电容器电荷量 $q_1(t)$ 和 $q_2(t)$；

（3）画出 $q_1(t)$ 和 $q_2(t)$ 随时间变化的关系图。

4-3 非均匀磁场中线圈的运动

如图 4.14 所示，一质量为 m、电阻为 R、边长为 a 的正方形线圈置于非均匀分布的磁场中，磁场磁感应强度表达式为

$$\vec{B} = B_0 (1 - bz) \vec{u}_y$$

线圈处于 xOz 竖直平面内，其上端通过一劲度系数为 k、原长为 l_0 的轻质弹簧与固定端 O 点相连。初始时刻线圈处于力学平衡态，线圈中心位置记为 z_0。现将线圈向下拉离平衡位置到 $z_0 + Z_0$。假设问题求解过程中忽略所有阻力，忽略线圈的自感，如图 4.14 所示约定线圈电流正方向。

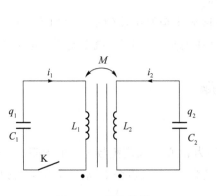

图 4.13　耦合线圈

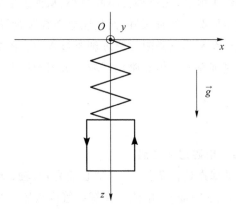

图 4.14　磁场中运动的线圈

（1）记 $Z(t) = z(t) - z_0$，通过建立线圈运动的力学方程和线圈电路的电学方程，求 $Z(t)$ 满足的微分方程，并求解 $Z(t)$；

（2）研究从 t 时刻到 $t + \mathrm{d}t$ 时刻系统能量的变化情况。

第5章 变压器原理及应用

发电厂使用交流发电机组产生的交流电压,通过远距离传输输送给用户,为了降低传输过程中的焦耳热损耗,一方面使用电阻率较低的金属线缆,另外一方面需要使用超高电压来降低传输过程中的电流,到了用户端又需要降低电压实现终端正常用电。生活中常说的电压指的是有效电压,在变压工作站要将电压升高到几百千伏甚至更高,到了终端需要将电压降低到380 V 或 220 V。

电力变压器就是实现变压工作站高低电压转换的一种仪器设备,其目的是将一种数值的交流电电压转换为相同频率的另一种数值的交流电电压。

变压器是电网的基本组成单元,其主要工作原理为纽曼电磁感应,变压器主要由两个固定不动的电路耦合线圈和铁芯构成,通过线圈磁耦合实现电能在两个线圈之间的转换。由于在变压器工作过程中不涉及元件力学上的运动,因此也常把变压器叫作**静态功率转换器**。

5.1 变压器

5.1.1 电路的磁耦合

性质 5.1 两线圈的磁耦合系数

如图 5.1 所示,两个自感系数分别为 L_1,L_2 的细导线线圈存在磁耦合,记两个线圈的互感系数为 M,则电感系数满足以下公式:

$$M^2 \leqslant L_1 L_2 \tag{5.1}$$

证明

记两个通电线圈在空间中产生的磁场为 $\vec{B}$。根据磁能的定义,两个线圈整体的磁能 E_m 是磁能体密度 $\dfrac{\vec{B}^2}{2\mu_0}$ 在整个空间的积分,因此能量 E_m 为非负数。

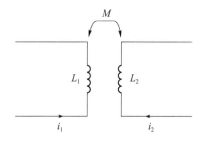

图 5.1 两磁耦合线圈

另外,根据第 4 章内容可知,总磁能可表示为线圈电感系数和通过电路电流 i_1 和 i_2 的函数,即

$$E_m = \frac{1}{2}L_1 i_1^2 + M i_1 i_2 + \frac{1}{2}L_2 i_2^2 \tag{5.2}$$

式(5.2)提出 i_2^2,可得

$$E_m = i_2^2 \left[\frac{1}{2}L_1 \left(\frac{i_1^2}{i_2^2} \right) + M \frac{i_1}{i_2} + \frac{1}{2}L_2 \right] \tag{5.3}$$

由于 $i_2^2 > 0$,因此可将等式右边括号中函数可看作是一个关于实变量 $\dfrac{i_1}{i_2}$ 的二次多项式,要

使 $E_m \geqslant 0$，则要求它的判别式小于等于 0，即

$$M^2 - L_1 L_2 \leqslant 0 \tag{5.4}$$

互感系数 M 由 $\Phi_{1\to 2} = Mi_1$ 定义，其中 $\Phi_{1\to 2}$ 是指由线圈 1 产生的磁场对线圈 2 产生的磁通量，性质 5.1 表明互感系数的绝对值存在最大值，这时线圈 1 产生的磁感线完全进入线圈 2，即理想耦合情况。

定义 5.1 理想耦合

当任何一个细导线线圈产生的磁感线完全穿过另一细导线线圈时，称线圈之间的磁耦合为理想耦合，此时电感系数满足关系式：

$$M^2 = L_1 L_2 \tag{5.5}$$

5.1.2 理想变压器

如图 5.2 所示，变压器主要是由铁磁材料构成的铁芯以及两个围绕在其周围的细导线线圈构成的。变压器左边绕组由 N_1 匝线圈组成，称为初级线圈；右边绕组由 N_2 匝线圈组成，称为次级线圈。

理想变压器指的是线圈中产生的磁场线被全部约束在铁芯里，即实现了初级线圈和次级线圈的理想耦合。

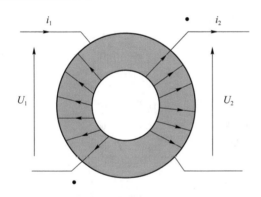

图 5.2 变压器模型图

图 5.2 所示变压器模型图中，使用两个黑色标记点来表示电流从变压器铁芯体的同一个面流出，这两个黑色标记点叫作**同源端点**。同源端点并不是实际存在的点，这里定义它们只是因为在很多情况下，变压器示意图是一个平面图，人们常常无法看清初级和次级线圈的绕行方向，有了同源端点这个标记，即可将线路的绕行方向判断出来。在有些情况下，变压器等效电路也会用图 5.3 所示电路表示，因此须学会如何清楚地判断绕组的绕行方向。

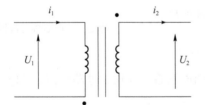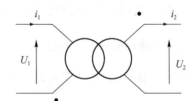

图 5.3 两种变压器等效电路图

定义 5.2 理想变压器。

同时满足以下两种情况的变压器为理想变压器：

① 两线圈之间的磁耦合是理想耦合；

② 初级线圈所接收的电功率完全转移到次级线圈中（变压器中无能量损失）。

理想变压器的磁场线完全被约束在铁芯当中,因此穿过铁芯任意截面的磁通量都相同,称此磁通量为公共磁通量,记为 Φ。

如图 5.4 所示,约定铁芯中截面 S 的正方向。记初级和次级线圈各匝数分别为 N_1 和 N_2,根据图 5.4 所示线圈电流正方向的约定,通过两个线圈的磁通量 Φ_1 和 Φ_2 与公共磁通量 Φ 相关,具体关系式如下:

$$\Phi_1 = N_1\Phi; \quad \Phi_2 = N_2\Phi \tag{5.6}$$

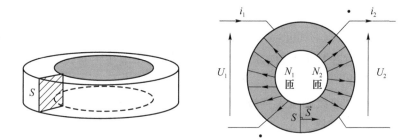

图 5.4　铁芯截面和绕组电流的方向约定示意图

初级和次级线圈产生的纽曼感应电动势分别记为 e_1 和 e_2(参见图 5.5),根据法拉第电磁感应定律有

$$e_1 = -\frac{\mathrm{d}\Phi_1}{\mathrm{d}t} = -N_1\frac{\mathrm{d}\Phi}{\mathrm{d}t}; \quad e_2 = -\frac{\mathrm{d}\Phi_2}{\mathrm{d}t} = -N_2\frac{\mathrm{d}\Phi}{\mathrm{d}t} \tag{5.7}$$

故有

$$\frac{e_2}{e_1} = \frac{N_2}{N_1} \tag{5.8}$$

图 5.5 为变压器等效电路图,初级线圈和次级线圈两端电压分别记为 U_1 和 U_2,因此有

$$U_1 = -e_1; \quad U_2 = e_2 \tag{5.9}$$

结合式(5.8),可得初级线圈和次级线圈两端电压关系:

$$\frac{U_2}{U_1} = -\frac{N_2}{N_1} \tag{5.10}$$

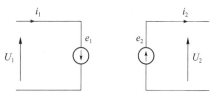

图 5.5　变压器等效电路图

按照图 5.5 电压约定的方向,式(5.10)中的负号表示初级线圈和次级线圈电压存在 π 的相位差,而且负号是否存在完全依赖于电路中电压正方向的约定。变压器的功能是从电网中接收电能再传递给用户,因此根据这个原则,一般而言,初级线圈按照接受器约定,次级线圈按照发生器约定来规定电流和电压的正方向。因此在图 5.5 中,初级线圈的电压和电流方向相反,而次级线圈的电压和电流方向相同。故,初级线圈接收到的电功率为

$$P_1 = U_1 i_1 \tag{5.11}$$

次级线圈向用户提供的电功率为

$$P_2 = U_2 i_2 \tag{5.12}$$

假设变压器为理想变压器,根据定义 5.2 知,初级线圈接收的电功率完全转移到次级线圈,因此有

$$P_1 = P_2 \qquad (5.13)$$

故按此约定,初级线圈和次级线圈中电流关系为:

$$\frac{i_2}{i_1} = \frac{U_1}{U_2} = -\frac{N_1}{N_2} \qquad (5.14)$$

定义 5.3 变压器的升压比

变压器的升压比定义为次级线圈和初级线圈匝数的比值,记为 m,即

$$m = \frac{N_2}{N_1}$$

说明

① 变压器的工作过程基于电磁感应原理,因此变压器中电压关系式(5.10)和电流关系式(5.14)仅对交流电有效;

② 如果变压器的初级线圈输入直流电压,而初级线圈电阻很小,近似认为工作在短路状态,这样很容易烧坏工作线圈。

5.1.3 阻抗匹配

电网中传输的是交流电,本小节假定电压随时间以正弦形式变化。根据 5.1.2 小节学习的变压器中涉及的各物理量关系均为线性关系,因此可以使用复表示法表示电压、电流以及阻抗等物理量。

如图 5.6(a)所示,考虑一理想变压器,其初级线圈供电电压复表示记为 $\underline{U}_1$。一复阻抗 $\underline{Z}$ 接入次级线圈中,记 $\underline{U}_2$ 为次级线圈的路端电压。如将变压器初级、次级线圈看成一个整体,变压器电路可以看作以电压 $\underline{U}_1$ 供电,以 $\underline{Z}_{eq}$ 作为等效负载,其等效电路如图 5.6(b)所示。记升压比 $m = \dfrac{N_2}{N_1}$,通过如图 5.6 所示的电流、电压正方向的约定,可以得到以下关系:

$$\frac{\underline{U}_2}{\underline{U}_1} = -m; \qquad \frac{i_2}{i_1} = -\frac{1}{m}; \qquad \underline{U}_2 = \underline{Z}\,\underline{i}_2; \qquad \underline{U}_1 = \underline{Z}_{eq}\,\underline{i}_1 \qquad (5.15)$$

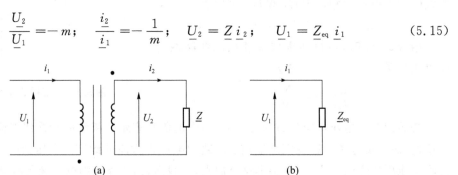

图 5.6 变压器的阻抗匹配

联立式(5.15)中 4 个式子可得等效负载对应的复阻抗与原次级线圈复阻抗之间关系:

$$\underline{Z}_{eq} = \frac{1}{m^2}\underline{Z} \qquad (5.16)$$

可以看出,电网经过变压器实现由变压器次级线圈 $\underline{U}_2$ 对阻抗为 $\underline{Z}$ 的负载供电,如果仅看作是电网供电时,供电等效负载阻抗会是次级线圈负载阻抗的 $\dfrac{1}{m^2}$ 倍。电网供电负载和用户

负载之间阻抗满足以上关系时,就说变压器实现了电网供电的阻抗匹配。

由于 m^2 是正实数,阻抗关系 $\underline{Z}_{\text{eq}} = \dfrac{1}{m^2}\underline{Z}$ 表明两个阻抗具有相同的相位,因此按图 5.6 中电流和电压正方向的约定,初级线圈 $\underline{U}_1$ 和 $\underline{i}_1$ 之间的相位差与次级线圈 $\underline{U}_2$ 和 $\underline{i}_2$ 之间的相位差相等。

(1) 电流有效值

与电流瞬时值 $i(t)$ 相对应的有效电流记为 i_{eff},它不是真实的电流,属于概念性的电流。在一个周期内对电阻元件使用电流有效值计算的焦耳热功率与电流瞬时值计算结果相同。根据定义知电流有效值为电流瞬时值的方均根值:

$$i_{\text{eff}} = \sqrt{\langle i^2(t)\rangle} \tag{5.17}$$

例如,假设电流瞬时值表达式为

$$i(t) = i_0\cos(\omega t) \tag{5.18}$$

那么,电流有效值计算公式为

$$i_{\text{eff}} = \sqrt{\langle i^2(t)\rangle} = \sqrt{\langle i_0^2\cos^2(\omega t)\rangle} = i_0\sqrt{\langle\cos^2(\omega t)\rangle} = \frac{i_0}{\sqrt{2}} \tag{5.19}$$

(2) 电压有效值

与电压瞬时值 $u(t)$ 相对应的电压有效值记为 u_{eff},它不是真实的电压,属于概念性的电压。在一个周期内使用电压有效值计算的焦耳热功率与电压瞬时值计算结果相同。根据定义知电压有效值为电压瞬时值的方均根值:

$$u_{\text{eff}} = \sqrt{\langle u^2(t)\rangle} \tag{5.20}$$

例如,假设电压瞬时值表达式为

$$u(t) = u_0\cos(\omega t + \varphi) \tag{5.21}$$

那么,电压有效值计算公式为

$$u_{\text{eff}} = \sqrt{\langle u^2(t)\rangle} = \sqrt{\langle u_0^2\cos^2(\omega t + \varphi)\rangle} = u_0\sqrt{\langle\cos^2(\omega t)\rangle} = \frac{u_0}{\sqrt{2}} \tag{5.22}$$

(3) 功率有效值

功率瞬时值 $P(t)$ 在一个周期内的平均值为功率有效值,记为 P_{eff},按照接收器约定,根据定义知,功率有效值计算式为

$$P_{\text{eff}} = \langle P(t)\rangle = \langle u(t)\cdot i(t)\rangle \tag{5.23}$$

例如,假设电压和电流瞬时值相位相差 φ,表达式分别写为

$$u(t) = u_0\cos(\omega t + \varphi); \quad i(t) = i_0\cos(\omega t) \tag{5.24}$$

那么,功率有效值计算公式为

$$\begin{aligned}
P_{\text{eff}} &= \langle u_0\cos(\omega t + \varphi)\cdot i_0\cos(\omega t)\rangle \\
&= \frac{u_0 i_0}{2}\langle\cos(2\omega t + \varphi) + \cos\varphi\rangle \\
&= u_{\text{eff}} i_{\text{eff}}\cos\varphi
\end{aligned} \tag{5.25}$$

其中,$\cos\varphi$ 叫作功率因数。

理想变压器初级线圈和次级线圈电压与电流有效值的比值分别为

$$\frac{U_{\text{eff}_2}}{U_{\text{eff}_1}} = m; \quad \frac{i_{\text{eff}_2}}{i_{\text{eff}_1}} = \frac{1}{m} \tag{5.26}$$

式(5.26)中的两个关系式相乘可得

$$\frac{U_{\text{eff}_2} \, i_{\text{eff}_2}}{U_{\text{eff}_1} \, i_{\text{eff}_1}} = 1 \tag{5.27}$$

前面已知初级和次级线圈的电压、电流的相位差相同,因此有

$$\frac{U_{\text{eff}_2} \, i_{\text{eff}_2} \cos \varphi_2}{U_{\text{eff}_1} \, i_{\text{eff}_1} \cos \varphi_1} = 1 \tag{5.28}$$

式(5.28)说明理想变压器初级绕组接收的功率与次级绕组传递给用户的功率是相同的。

例题 5.1 中国与美国电网对比

美国民用电网用户端的电压有效值 $U_{1,\text{eff}} = 110 \text{ V}$,频率为 60 Hz。中国民用电网用户端的电压有效值 $U_{2,\text{eff}} = 220 \text{ V}$,频率为 50 Hz。比较一个额定功率 $P = 110 \text{ W}$ 的电灯泡在中国和美国使用时分别对应的电压、电流和电阻值。

解 中美两国用电频率相差不多,而且用电频率对电灯泡的使用没有太大影响。如果使用变压器将美国电网接入中国电网,可知升压比 $\dfrac{U_{\text{eff}_C}}{U_{\text{eff}_A}} = m = 2$。根据前面所学习的阻抗匹配原理,在美国使用的电灯泡的阻抗 R_A 应为在中国使用电灯泡阻抗 R_C 的四分之一,即

$$R_A = \frac{1}{m^2} R_C = \frac{1}{4} R_C \tag{5.29}$$

在美国民用电网电压 $U_{\text{eff}_A} = 110 \text{ V}$ 下工作的电灯泡额定电功率应为 $P_{\text{eff}_A} = \dfrac{U_{\text{eff}_A}^2}{R_A}$,如果不使用变压器进行阻抗匹配,将在美国使用的电灯泡直接接入中国民用电网电压 $U_{\text{eff}_A} = 220 \text{ V}$ 下工作,其电功率为 $\dfrac{U_{\text{eff}_C}^2}{R_A}$,此功率为美国民用电网正常工作的电灯泡额定电功率的 4 倍,电灯泡无法正常工作,有烧坏的风险。表 5.1 为此灯泡在中国和美国民用电网中的电压、电流、电阻和电功率的有效值。

表 5.1 中国和美国民用电网中灯泡工作参数

物理量		国家	
		美国	中国
电压/V	U_{eff}	110	220
电流/A	i_{eff}	1	0.5
电阻/Ω	$R = U_{\text{eff}}/i_{\text{eff}}$	110	440
功率/W	P_{eff}	110	110

说明

为了实现不同电网之间用电器的正常使用,需要使用变压器或电源适配器进行阻抗匹配。

5.2　铁磁性

5.2.1　磁化材料

当把一块磁铁打碎成两半时,每一半磁铁各自又会产生新的南极和北极。南、北极并没有因磁铁分成两半而被分离开来,这表明磁铁的磁性是具有体分布特征的。将一磁化材料中介观尺度大小的体积元看作一个微小的环形电流,此体积元相当于磁偶极子,体积记为 $\mathrm{d}\tau$,其磁矩表达式可记作:

$$\mathrm{d}\vec{m} = \vec{M}\mathrm{d}\tau \tag{5.30}$$

其中,$\vec{M}$ 称为磁化强度矢量,它表示磁化材料中单位体积内所有磁偶极子磁矩的矢量和,它的单位为 $\mathrm{A \cdot m^{-1}}$;$\mathrm{d}\tau$ 表示一个磁偶极子所占据的体积,因而 $\mathrm{d}\vec{m}$ 的单位是 $\mathrm{A \cdot m^2}$。可以证明磁化体电流密度矢量 $\vec{j}{\,}'$ 和磁化强度矢量 $\vec{M}$ 的关系式:

$$\vec{j}{\,}'(M,t) = \mathbf{rot}\vec{M}(M,t) \tag{5.31}$$

由于磁化电流是由分子有序排列形成的,而分子电流总是在微观范围内自成封闭回路,因此穿过整块材料的任意截面上的磁化电流总量为零,磁化电流只有沿着任一闭合回路方向才会产生。关于磁化电流可以使用图 5.7 所示原理来解释它的产生。

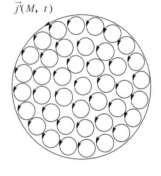

$\vec{j}{\,}'(M, t)$

磁化体电流也称为安培电流,是在研究磁化强度矢量回路电流时等效出来的电流,但它不同于传导电流,因而不对应电荷的定向移动。根据麦克斯韦-安培方程,可得

$$\mathbf{rot}\vec{B}(M,t) = \mu_0 \left[\vec{j}_c(M,t) + \vec{j}{\,}'(M,t)\right] \tag{5.32}$$

图 5.7　磁化电流的产生原理

其中,$\vec{j}_c(M,t)$ 表示传导体电流密度矢量。另外,由于变压器总是工作在准稳态近似频率下,电压电流变化频率低,因此没有考虑位移电流。用式(5.31)替换式(5.32)磁化体电流密度矢量,可得

$$\mathbf{rot}\vec{B}(M,t) = \mu_0 \left[\vec{j}_c(M,t) + \mathbf{rot}\vec{M}(M,t)\right] \tag{5.33}$$

故有

$$\mathbf{rot}\left[\frac{\vec{B}(M,t)}{\mu_0} - \vec{M}(M,t)\right] = \vec{j}_c(M,t) \tag{5.34}$$

(1) 磁场强度

在磁化材料中,场点 M 处的磁场强度定义为

$$\vec{H}(M,t) = \frac{\vec{B}(M,t)}{\mu_0} - \vec{M}(M,t) \tag{5.35}$$

在磁化材料中,麦克斯韦-安培微分方程变为

$$\mathbf{rot}\vec{H}(M,t) = \vec{j}_c(M,t) \tag{5.36}$$

其积分形式为

$$\oint_{\Gamma} \vec{H} \cdot \mathrm{d}\vec{l} = \iint_{S(\Gamma)} \vec{j}_c \cdot \mathrm{d}\vec{S} = i_{\mathrm{enl}} \tag{5.37}$$

由式(5.37)可以看出,在给出传导电流 i_{enl} 及磁化材料中的积分路径时,磁场强度 $\vec{H}$ 是可求的,但是磁感应强度 $\vec{B}$ 的计算是有困难的,需要根据磁化材料的具体特性来求解。因此,即使已知通过电路的电流也不能计算出磁感应强度 $\vec{B}$。另一方面,如果电流分布是已知的(如果对称性足够好),使用安培定理只能计算空间中的磁场强度 $\vec{H}$。磁场强度可以由操作者使用电流加载在空间区域,但是磁感应强度 $\vec{B}$ 不可以。对于通电螺线管,其中没有磁化材料,因此磁场强度与磁感应强度满足简单的线性关系:

$$\vec{H}(M,t) = \frac{\vec{B}(M,t)}{\mu_0} \tag{5.38}$$

为了简化问题,假定所研究的磁化介质是理想、线性、均匀和各向同性的介质。具体性质如下:

① 理想磁化介质是指如果磁场强度 $\vec{H}$ 为零,则磁化强度矢量 $\vec{M}$ 也为零。

② 线性是指磁化强度矢量 $\vec{M}$ 与磁场强度 $\vec{H}$ 满足线性关系:

$$\vec{M}(M,t) = K(M)\vec{H}(M,t) \tag{5.39}$$

其中,$K(M)$ 为比例系数,通常也被称为材料的**磁化率**。

③ 均匀介质是指磁化介质的磁化率是与位置无关的常数。

④ 各向同性是指无论磁场强度从何方向对介质进行磁化,磁化强度形式均相同。

(2) 相对磁导率

磁化介质中的相对磁导率记为 μ_r,它是无量纲物理量,且满足以下形式:

$$\vec{B}(M,t) = \mu_0 \mu_r \vec{H}(M,t) \tag{5.40}$$

由式(5.35)可知:

$$\mu_0(1+K)\vec{H}(M,t) = \vec{B}(M,t) \tag{5.41}$$

因此,相对磁导率与磁化率之间的关系为

$$\mu_r = 1 + K \tag{5.42}$$

5.2.2 变压器模型

下面通过一个变压器模型实例来深入讨论5.2.1小节涉及的磁化概念。

例题 5.2 变压器中的磁化铁芯

如图5.8所示,一变压器由铁芯和两个线圈绕组构成。铁芯材料假定为理想、线性、均匀和各向同性的磁化介质,其相对磁导率记为 μ_r。两线圈绕组紧密缠绕在铁芯周围,为了清楚的分辨初级和次级线圈,这里仍然使用绕组线圈左右分开的示意图。初级线圈和次级线圈的

电流分别为 i_1 和 i_2，匝数分别为 n_1 和 n_2。磁化铁芯截面为圆形、半径为 R、面积记为 S。假定铁芯截面上所有物理量都是均匀分布的。

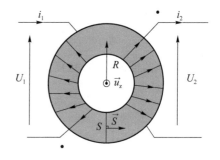

①　根据对称性与不变性分析，求磁化介质中磁场强度 $\vec{H}$ 的方向。

②　应用安培环路定理，建立磁场强度大小 H，截面半径 R，电流 i_1 和 i_2 以及线圈匝数 n_1 和 n_2 之间的关系。

图 5.8　变压器模型图

③　推导通过截面 S 的磁通量 Φ。

④　应用法拉第电磁感应定律，求解初级和次级线圈的自感系数 L_1 和 L_2，以及线圈互感系数 M。

⑤　初级和次级线圈绕组之间的耦合是否为理想耦合？重新推导理想变压器初级和次级线圈之间的电压关系。

⑥　从磁通量 Φ 的表达式出发证明：

$$i_1 - i_m = -m i_2 \tag{5.43}$$

其中，i_m 叫作励磁电流，求励磁电流的表达式。相对磁导率 μ_r 在什么条件下可以得到理想变压器电流关系？请解释励磁电流 i_m 的含义。

解　①　对称性分析：变压器绕组线圈紧密缠绕在环形铁芯材料周围，通过 Oz 轴的所有平面都是绕组线圈电流分布的对称面，根据麦克斯韦-安培微分方程 $\mathbf{rot}\vec{H}(M,t) = \vec{j}_c(M,t)$ 可知磁场强度和体电流密度矢量具有反对称关系，磁场强度垂直于绕组线圈电流分布的对称面，故有

$$\vec{H}(M,t) = H(M,t)\vec{u}_\theta \tag{5.44}$$

不变性分析：变压器绕组线圈电流分布绕 Oz 轴具有旋转不变性，因此在柱坐标下磁场强度表达式与 θ 无关。另外题中假定铁芯截面上所有物理量都是均匀分布的，磁场强度与 r 和 z 也无关，因此磁场强度可简记为

$$\vec{H}(M,t) = H(t)\vec{u}_\theta \tag{5.45}$$

②　选择一个以 Oz 为中心轴、半径为 R 的圆形环路 Γ，选定逆时针方向为环路绕行正方向。由此可以得知，环路中包含的总电流为 $n_1 i_1 + n_2 i_2$，根据安培环路定理得

$$\oint_\Gamma \vec{H} \cdot \mathrm{d}\vec{l} = 2\pi R H = n_1 i_1 + n_2 i_2 \tag{5.46}$$

③　对于理想、线性、均匀和各向同性的磁化介质，磁场强度与磁感应强度之间的关系为

$$\vec{B} = \mu_0 \mu_r \vec{H} \tag{5.47}$$

因此，通过铁芯截面 S 的公共磁通量为

$$\Phi = \vec{B} \cdot \vec{S} = \frac{n_1 i_1 + n_2 i_2}{2\pi R} \mu_0 \mu_r S \tag{5.48}$$

④　根据图中线圈中电流的绕行方向，可以得出通过各绕组的磁通量分别为

$$\Phi_1 = n_1 \Phi; \quad \Phi_2 = n_2 \Phi \tag{5.49}$$

由法拉第电磁感应定律可以得到初级和次级绕组线圈产生的感应电动势分别为

$$e_1 = -\frac{\mathrm{d}\Phi_1}{\mathrm{d}t} = -n_1\frac{\mathrm{d}\Phi}{\mathrm{d}t}; \quad e_2 = -\frac{\mathrm{d}\Phi_2}{\mathrm{d}t} = -n_2\frac{\mathrm{d}\Phi}{\mathrm{d}t} \qquad (5.50)$$

将式(5.47)带入式(5.49)可得初级线圈和次级线圈两端电压表达式分别为

$$U_1 = -e_1 = \frac{n_1^2}{2\pi R}\mu_0\mu_r S\frac{\mathrm{d}i_1}{\mathrm{d}t} + \frac{n_1 n_2}{2\pi R}\mu_0\mu_r S\frac{\mathrm{d}i_2}{\mathrm{d}t};$$

$$U_2 = e_2 = -\left(\frac{n_2^2}{2\pi R}\mu_0\mu_r S\frac{\mathrm{d}i_2}{\mathrm{d}t} + \frac{n_1 n_2}{2\pi R}\mu_0\mu_r S\frac{\mathrm{d}i_1}{\mathrm{d}t}\right) \qquad (5.51)$$

由电感系数的定义式可知:

$$U_1 = L_1\frac{\mathrm{d}i_1}{\mathrm{d}t} + M\frac{\mathrm{d}i_2}{\mathrm{d}t}; \quad U_2 = L_2\frac{\mathrm{d}i_2}{\mathrm{d}t} + M\frac{\mathrm{d}i_1}{\mathrm{d}t} \qquad (5.52)$$

因此可得初级和次级线圈自感系数和互感系数分别为

$$L_1 = \frac{n_1^2}{2\pi R}\mu_0\mu_r S; \quad L_2 = \frac{n_2^2}{2\pi R}\mu_0\mu_r S; \quad M = \frac{n_1 n_2}{2\pi R}\mu_0\mu_r S \qquad (5.53)$$

⑤ 通过④题得到的初级和次级线圈自感系数和互感系数表达式很容易证明:

$$L_1 L_2 = M^2 \qquad (5.54)$$

以上证明结果说明此变压器中两个绕组线圈的耦合为理想耦合,铁芯材料将其中一个线圈产生的磁场线完全约束到另外一个线圈当中,变压器没有发生漏磁。

由关系式(5.50)和式(5.51)可得

$$\frac{U_2}{U_1} = -\frac{e_2}{e_1} = -\frac{n_2}{n_1} = -m \qquad (5.55)$$

⑥ 由公共磁通量表达式可得

$$\frac{2\pi R}{\mu_0\mu_r S}\Phi = n_1 i_1 + n_2 i_2 \qquad (5.56)$$

等式左右两边同时除以 n_1,可得

$$i_1 - \frac{1}{n_1}\frac{2\pi R}{\mu_0\mu_r S}\Phi = -m i_2 \qquad (5.57)$$

其中, $i_m = \frac{1}{n_1}\frac{2\pi R}{\mu_0\mu_r S}\Phi$,称为**励磁电流**。

前面研究了理想变压器次级线圈和初级线圈的电流比 $\frac{i_2}{i_1} = -\frac{1}{m}$,说明所研究变压器中无励磁电流产生。由励磁电流表达式可知,磁通量 Φ 为有限值,如果励磁电流为零,只能说明铁芯材料相对磁导率为无限大,相当于一种极难被磁化的介质;也可将励磁电流理解为变压器次级线圈开路的情况,此时有 $i_2 = 0$,且 $i_1 = i_m$,说明在没有负载时初级线圈仍然存在电流,其大小等于励磁电流大小。实际上,如果 $i_2 = 0$,根据 $U_1 = L_1\frac{\mathrm{d}i_1}{\mathrm{d}t}$ 可知,此时变压器可看作一个简单的电感线圈。

说明

对于工作在理想耦合状态的变压器,变压器中的铁芯材料相对磁导率都比较大,通常在 10^3 以上,所以变压器电流关系和理想变压器电流关系几乎相同。

5.2.3　磁滞回线

为了测量铁芯铁磁材料相对磁导率,应当通过实验绘制磁感应强度 $\vec{B}$ 随磁场强度 $\vec{H}$ 的变化关系图,并由公式 $\vec{B} = \mu_0 \mu_r \vec{H}$ 来判断铁磁材料相对磁导率 μ_r。

图 5.9 为测定铁芯铁磁材料的相对磁导率的实验装置,实验主要分为以下几个步骤:

① 初级线圈使用外接交流电源 $E(t)$ 供电,线路中串联一个阻值为 Z 的电阻,通过测量电阻 Z 两端电压 $U_1 = Z i_1$,计算得出初级绕组线圈交变电流 $i_1(t)$。应用安培环路定理计算磁场强度 $\vec{H}$ 大小:

$$H(t) = \frac{U_1(t)}{2\pi R Z} \tag{5.58}$$

② 在次级线圈两端接入一个时间积分器,此积分器阻抗很大,类似于电压表,因此次级线圈可看作开路,通过次级线圈电流非常微弱,可忽略不计。通过测量次级绕组线圈的感应电动势 e_2 来获得磁感应强度 $\vec{B}$,事实上,可以用法拉第定律 $e_2 = -\dfrac{\mathrm{d}\Phi_2}{\mathrm{d}t} = -N_2 S \dfrac{\mathrm{d}B(t)}{\mathrm{d}t}$ 来计算 $\dfrac{\mathrm{d}B}{\mathrm{d}t}$。实验中测量次级线圈的匝数 N_2 以及铁芯截面面积 S,使用积分器可计算得到磁感应强度 $\vec{B}$ 的大小。次级线圈的路端电压 $v_2(t) = e_2(t)$,经过时间积分器后电压值 $U_2(t)$ 为

$$U_2(t) = \frac{1}{\tau}\int_0^t v_2\,\mathrm{d}t = \frac{1}{\tau}\int_0^t e_2\,\mathrm{d}t = \frac{1}{\tau}\int_0^t -N_2 S \frac{\mathrm{d}B}{\mathrm{d}t}\,\mathrm{d}t = -\frac{1}{\tau}N_2 S B(t) \tag{5.59}$$

电阻 Z 两端的电压 $U_1(t)$ 接入示波器通道 X,积分器两端电压 $U_2(t)$ 接入示波器通道 Y。在示波器显示屏上可得到 $U_2(t)$ 随 $U_1(t)$ 变化的关系图,它与磁感应强度 $\vec{B}$ 大小随磁场强度 $\vec{H}$ 大小变化的关系图之间仅相差一个与相对磁导率相关的线性比例因子。图 5.10 为实验得到的磁场强度随磁场强度变化的特征曲线图。下面分别说明图中曲线上各点的物理含义。

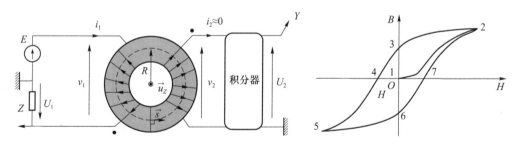

图 5.9　测量相对磁导率的装置示意图　　　　图 5.10　磁化曲线

点 1 是磁化实验开始点,此时磁场强度为零(初级线圈电流为零),磁感应强度也为零,铁芯铁磁材料处于未被磁化状态。

曲线 1→2 被称为起始磁化曲线,铁磁材料第一次在磁场作用下被磁化。这条曲线并非一条直线,这意味着相对磁导率 $\mu_r = \dfrac{B}{\mu_0 H}$ 非恒定值,说明此磁化材料并非理想磁性介质。

点 2 处磁场强度达到最大值,铁磁材料最大限度地被磁化。

曲线 2→3→4→5 变化过程中,初级线圈电流 $i_1(t)$ 不断减小,磁场强度 H 减小,磁感应强度 B 也减小,但是此曲线与起始磁化曲线不重叠,这说明铁磁材料被磁化后磁场强度 H 与磁感应强度 B 不存在单值关系,要知道某一 H 值对应的 B 值,必须先知道原来的磁化情况。

曲线 2→3 过程中,虽然 H 减小时 B 也随之减小,但是 B 的减小赶不上 H 的减小,这就是所谓的**磁滞现象**。

点 3 是一个特殊点,当磁场强度 H 降为零时磁感应强度 B 仍然存在于铁磁材料中,这说明在无外场作用下也可以有磁性,点 3 处的磁感应强度值被称为**剩磁**。永磁体就是利用某些铁磁材料有剩磁的特点制作而成的。

点 4 也是一个特殊点,磁感应强度 H 为负,磁场强度 B 为零。磁场强度在这一点上的值称为**矫顽力**,说明铁磁材料被磁化后需要施加一定的反向磁场强度才能实现被磁化材料的完全去磁。

从点 5 开始,通过增加电流 $i_1(t)$,不断增加磁场强度 H,磁感应强度 B 的值经历曲线 5→6→7→2 过程,点 6 对应反向"剩磁",点 7 对应正向"矫顽力"。

定义 5.4　磁滞回线

当磁场强度 H 的值从图 5.10 中的点 2 变化到点 5 再回到点 2 值的过程中,其铁芯磁性材料中磁感应强度与磁场强度的关系由曲线 2→3→4→5→6→7→2 变化,这条封闭曲线被称为**磁滞回线**。

磁滞回线对原点 O 是对称的,根据铁磁材料的磁滞回线的形状,可以将铁磁材料分为以下几类:

(1) 硬磁材料

如果磁滞回线比较宽(矫顽力比较大),则称之为硬磁材料(硬铁)。永磁体具有这样的特点,在它们被磁化后,能够在相当长一段时间内保持很强的磁场。另外,它们具有较大的矫顽力,一般不容易去磁,常用于永磁电机中。

(2) 软磁材料

如果磁滞回线细窄(矫顽力比较小),则称之为软磁材料(软铁)。这些材料既容易被磁化也很容易退磁,适用于变压器铁芯材料的制造。

(3) 线性铁磁材料

线性铁磁材料模型为理想化模型,实际中并不存在,其磁滞回线无限窄,且按磁感应强度 $B=\mu_0\mu_r H$ 形式减小,这里磁介质相对磁导率 μ_r 是恒定的。

当铁磁材料处于交变磁场中时(例如电压器、电机和交流电磁铁中的铁磁材料),它将沿着磁滞回线反复被磁化。实验表明,反复磁化要消耗额外的能量,并以热的形式从铁磁材料中释放,这种能量损耗叫作**磁滞损耗**。

性质 5.2　磁滞损耗

在磁化过程中,磁滞损耗正比于磁滞回线的面积,在数学上可写作:

$$\oint_{\text{cycle}} H \cdot \mathrm{d}B \tag{5.60}$$

式(5.60)表示一个磁化循环周期内铁磁材料吸收的体积能量(单位 $\mathrm{J \cdot m^{-3}}$),这个能量一般转化为内能。

　　磁滞损耗不但会造成能量浪费,也会使铁磁材料温度升高,导致变压器或电机中的有机绝缘材料老化。为了减少这些损耗,应当选择磁滞回线面积尽可能小的软磁材料。

5.2.4　变压器的能量损耗

　　变压器传输电能时总要产生损耗,这种损耗主要有铜损和铁损。

　　铜损是指变压器线圈电阻所引起的损耗。当电流通过线圈电阻发热时,一部分电能就转变为热能而损耗。由于线圈一般都由带绝缘的铜线缠绕而成,因此称为铜损。初级线圈和次级线圈电阻分别记为 R_1 和 R_2,电流分别记为 $i_1(t)$ 和 $i_2(t)$,因此两个线圈的铜损功率为 $R_1i_1^2 + R_2i_2^2$。

　　变压器的铁损包括两个方面:一是磁滞损耗,当交流电流通过变压器时,通过变压器铁芯铁磁材料的磁场线其方向和大小随之变化,使得铁磁材料内部分子相互摩擦,放出热能,从而损耗了一部分电能,这便是磁滞损耗,其理论计算公式为式(5.60);二是涡流损耗,当变压器工作时,铁芯中有磁场线穿过,根据麦克斯韦-法拉第方程 $\mathbf{rot}\vec{E} = -\dfrac{\partial \vec{B}}{\partial t}$ 可知,时变磁场会导致与磁场线垂直的平面上感应电场 $\vec{E}$ 的产生,感应电场在线圈中引起感应电流,由于此电流自成闭合回路形成环流,且呈旋涡状,故称为涡流。通过对麦克斯韦-法拉第方程积分 $\displaystyle\oint_{\Gamma}\vec{E} \cdot \mathrm{d}\vec{l} = \iint_{S} - \dfrac{\partial \vec{B}}{\partial t} \cdot \mathrm{d}\vec{S}$ 计算可知,感应感应电场正比于 $\dfrac{\partial B}{\partial t}$。再根据欧姆定律微分形式 $\vec{j} = \gamma\vec{E}$ 可计算得到铁磁材料中感应体电流密度 $\vec{j}$。涡流的存在使铁芯发热从而消耗能量,这种损耗称为涡流损耗,其热损耗功率体密度,即即焦耳热功率体密度:

$$P_J = \vec{j} \cdot \vec{E} = \gamma\vec{E}^2 \propto \gamma\left(\frac{\partial \vec{B}}{\partial t}\right)^2 \tag{5.61}$$

　　因此,涡流损耗大小正比于磁场变化频率的平方以及铁磁材料的电导率。由于这些铁芯中产生的涡流无任何作用,它会在磁性材料中产生无谓的损耗,因此通过使用薄铁片叠加制作而成的铁芯,可以最大限度地减少涡流损耗。变压器铁芯常用的薄铁片为硅钢片。实际变压器以及内部结构如图 5.11 所示。

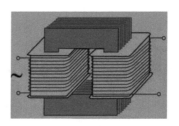

(a) 实际变压器　　　　　　　　　(b) 内部结构

图 5.11　实际变压器以及内部结构

定义 5.5 变压器工作效率

变压器工作效率是指变压器次级线圈输出的有用功率 P_2 与初级线圈输入功率 P_1 之比,用百分数表示,即

$$\eta = \frac{P_2}{P_1} \times 100\% \tag{5.61}$$

变压器工作效率与容量及损耗等级有关,具体计算时与系统的功率因数及负荷率有关。普通配电变压器的工作效率在 98% 以上(功率因数为 1,满负荷工作)。

习　题

5-1　理想变压器阻抗匹配

如图 5.12 所示,一个升压比为 m 的理想变压器的初级线圈接入含有实际电压源的电路中。实际电压源内阻 $\underline{Z}_g = r$,电压源电压复表示为

$$e(t) = E e^{j\omega t}$$

其中,E 为电压振幅。次级线圈接一负载 R_c,初级线圈和次级线圈的电压和电流复表示分别为

$$u_p = \underline{U}_p e^{j\omega t}; \quad i_p = \underline{I}_p e^{j\omega t} \quad (p = 1, 2)$$

其中,$\underline{U}_1$,$\underline{I}_1$,$\underline{U}_2$,$\underline{I}_2$ 表示初级线圈和次级线圈的电压和电流复振幅。线圈中电压和电流正方向按照图 5.12 所示方向约定。

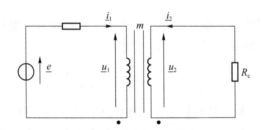

图 5.12　理想变压器阻抗匹配

(1) 求变压器次级线圈和初级线圈电压比和电流比;

(2) 如果将电路看成只有初级线圈供电的等效电路,电路负载阻抗记为 R_c,定义初级线圈折算阻抗为

$$\underline{Z}_{rp} = \underline{U}_1 / \underline{I}_1$$

求折算阻抗与原次级线圈负载阻抗 R_c 的关系,并画出等效电路图;

(3) 如果将电路看成只有次级线圈供电的等效电路,假定次级线圈电压和电流满足以下关系:

$$\underline{U}_2 = \underline{E}_{eq} + \underline{Z}_{rs}\underline{I}_2$$

其中,$\underline{E}_{eq}$ 表示等效电源电动势,$\underline{Z}_{rs}$ 表示次级线圈折算阻抗。

求等效电源电动势 $\underline{E}_{eq}$ 和次级线圈折算阻抗 $\underline{Z}_{rs}$ 的表达式,并画出等效电路图;

(4) 次级线圈负载阻抗为 R_c,求负载阻抗功率平均值 $<P_c>$。证明在初级电源内阻 r 和

次级线圈负载 R_c 阻值固定条件下，当理想变压器升压比 $m=\sqrt{\dfrac{R_c}{r}}$ 时，负载阻抗功率平均值 $<P_c>$ 存在最大值，此时达到变压器的阻抗匹配。

5-2　高压线输电

从发电厂或变电站升压把电力输送到降压变电站的高压电力线路叫作输电线路，定义高压线电力传输效率为用户端接受的电功率与发电站发出的电功率之比。本题目主要研究在长距离输电过程中使用高压传输的好处。假设发电厂利用变压器先将电压升高到 $400\ \mathrm{kV}$，在到达用户端时再利用变压器将电压降为 $220\ \mathrm{V}$。这种电力传输方式比直接把 $220\ \mathrm{V}$ 电压通过长距离传输到用户端的电力传输效率要高。

（1）将发电厂看作一个电压发生器，其产生的电压表示为 $E(t)=E_0\cos(\omega t)$，其中 $E_0>0$。将用户端看作一个复阻抗为 $\underline{Z}=R'+jX'$ 的二端元件，其中 R' 和 X' 为实数。用户端电压记为 U，发电厂和用户之间的传输线路的电阻记为 R。画出由发电厂、传输线路和用户端构成的系统的等效电路图并求此系统的电力传输效率 η_0；

（2）现在仍将发电厂看作一个电压发生器，但其产生的电压提升为 $E'(t)=E_1\cos(\omega t)$，其中 $E_1>E_0$。用户端的复阻抗保持不变，仍为 $\underline{Z}=R'+jX'$。为了使用户端电压 U 保持不变，需要在输电线路和用户端之间加入一个升压比为 m 的理想变压器。画出由发电厂、传输线路、理想变压器和用户端构成的系统的等效电路图。如果将变压器和用户端整体看作一个二端元件，求其等效阻抗 $\underline{Z}_{\mathrm{eq}}$，并求此时的电力传输效率 η_1；

（3）如果此变压器实现的是有效值为 $400\ \mathrm{kV}$ 高压向有效值为 $220\ \mathrm{V}$ 低压的转换，求此变压器的升压比 m；

（4）发电厂为什么使用高压电力线路实现电力传输？

第6章 真空中电磁波的传播

"麦克斯韦方程组"是英国物理学家詹姆斯·麦克斯韦在 1873 年建立的一组偏微分方程,主要描述了电场、磁场与电荷密度、电流密度之间的关系。麦克斯韦方程组明确了"场"的基本概念,并且统一了电磁场理论。通过本章的学习,将了解到麦克斯韦方程组可用来预测电磁波的存在,以及将真空中电磁波的传播速度与光速等同起来。真空中传播的电磁波属于一种特殊的电磁波,无论在何种伽利略参考系中观察,电磁波的传播速度都不改变,这也是狭义相对论的基本出发点之一。

6.1 电磁波传播方程

6.1.1 真空中的麦克斯韦方程组

真空的特征可描述为电荷的缺失(体电荷密度 $\rho=0$)以及电流的缺失(体电流密度 $\vec{j}=\vec{0}$),由此可得到真空中的麦克斯韦方程组:

$$\text{麦克斯韦-高斯方程}: \operatorname{div}\vec{E}(M,t)=0 \tag{6.1}$$

$$\text{麦克斯韦-汤姆森方程}: \operatorname{div}\vec{B}(M,t)=0 \tag{6.2}$$

$$\text{麦克斯韦-法拉第方程}: \mathbf{rot}\,\vec{E}(M,t)=-\frac{\partial \vec{B}(M,t)}{\partial t} \tag{6.3}$$

$$\text{麦克斯韦-安培方程}: \mathbf{rot}\,\vec{B}(M,t)=\mu_0\varepsilon_0\,\frac{\partial \vec{E}(M,t)}{\partial t} \tag{6.4}$$

说明

① 电磁场随空间和时间的变化关系可通过麦克斯韦-法拉第方程和麦克斯韦-安培方程耦合在一起;

② 方程(6.1)~(6.4)都是线性的,说明电磁场满足叠加原理,该性质在之后的内容中将被广泛应用。

6.1.2 电磁场传播方程

对方程 (6.3)两边取旋度,可导出:

$$\mathbf{rot}\left[\mathbf{rot}\,\vec{E}(M,t)\right]=-\mathbf{rot}\left[\frac{\partial \vec{B}(M,t)}{\partial t}\right]$$

即

$$\mathbf{grad}\left[\operatorname{div}\vec{E}(M,t)\right]-\Delta\vec{E}(M,t)=-\frac{\partial}{\partial t}\left[\mathbf{rot}\,\vec{B}(M,t)\right]$$

考虑方程(6.1)和方程(6.4),可得到电场强度矢量满足的传播方程:

$$\Delta \vec{E}(M,t) - \mu_0 \varepsilon_0 \frac{\partial^2 \vec{E}(M,t)}{\partial t^2} = \vec{0} \tag{6.5}$$

对方程(6.4)取旋度,可导出:

$$\mathbf{rot}\left[\mathbf{rot}\,\vec{B}(M,t)\right] = \mu_0 \varepsilon_0 \mathbf{rot}\left[\frac{\partial \vec{E}(M,t)}{\partial t}\right]$$

即

$$\mathbf{grad}\left[\mathrm{div}\,\vec{B}(M,t)\right] - \Delta \vec{B}(M,t) = \mu_0 \varepsilon_0 \frac{\partial}{\partial t}\left[\mathbf{rot}\,\vec{E}(M,t)\right]$$

考虑方程(6.2)和方程(6.3),可得到磁感应强度矢量满足的传播方程:

$$\Delta \vec{B}(M,t) - \mu_0 \varepsilon_0 \frac{\partial^2 \vec{B}(M,t)}{\partial t^2} = \vec{0} \tag{6.6}$$

可以看出,上述电磁场传播方程(6.5)和方程(6.6)与达朗贝尔方程具有相同的形式。

说明

① 关系式 $\mu_0 \varepsilon_0 c^2 = 1$ 定义了真空中电磁波的传播速度 c。真空中光速的精确值 $c = 29\,979\,758$ m/s,真空中磁导率 $\mu_0 = 4\pi \cdot 10^{-7}$ H/m,真空介电常数 $\varepsilon_0 = 8.85 \cdot 10^{-12}$ F/m。

② 虽然关于电场和磁场的传播方程各自独立,但电场和磁场仍可通过麦克斯韦方程组保持耦合。之后将了解到,电磁波在真空中传播时,电场与磁场不可能相互独立。

6.2　平面简谐行波的结构

6.2.1　场的描述

电场和磁场都属于矢量场,它们可以由三个标量场分量来表示。例如在笛卡儿坐标系下,电场可由它的三个分量 $E_x(M,t)$,$E_y(M,t)$ 和 $E_z(M,t)$ 表示:

$$\vec{E}(M,t) = E_x(M,t)\vec{u}_x + E_y(M,t)\vec{u}_y + E_z(M,t)\vec{u}_z \tag{6.7}$$

两个达朗贝尔矢量方程(6.5)和方程(6.6)可归结为一个包含 6 个达朗贝尔标量方程的方程组:

$$\Delta a_i(M,t) - \mu_0 \varepsilon_0 \frac{\partial^2 a_i}{\partial t^2} = 0 \tag{6.8}$$

其中,$a_i(M,t)$ 表示电场 $\vec{E}(M,t)$ 或磁场 $\vec{B}(M,t)$ 中的一个分量。

一列平面简谐行波的特征量包括时间角频率 ω,空间频率(或波数)k 以及传播方向 $\vec{u}$。波矢 $\vec{k}$ 可以用空间频率和传播方向上单位向量的乘积表示:$\vec{k} = k\vec{u}$。由此,电磁场 6 个分量中的任意一个都可写作如下形式:

$$a_i(M,t) = a_{i0}\cos(\omega t - \vec{k} \cdot \vec{r} - \varphi_i) \tag{6.9}$$

其中,$\vec{r} = \overrightarrow{OM}$ 表示空间场点的位置矢量;φ_i 是一个描述场分量的初相位特征(时间和空间)的实数。

考虑到麦克斯韦方程组为线性方程组，为了方便计算，也经常使用复表示来表示电磁场各分量：

$$a_i(M,t) = a_0 \exp\left[j(\omega t - \vec{k} \cdot \vec{r} - \varphi_i)\right] = a_{i0} \exp\left[j(\omega t - \vec{k} \cdot \vec{r})\right] \qquad (6.10)$$

其中，$a_{i0} = a_0 \exp(-j\varphi_i)$ 为所考虑分量的复振幅；φ_i 是初相，不同电磁场分量的初相是不同的。

通过取分量复表示的实部，可以得到分量实表示：

$$a_i(M,t) = \mathrm{Re}\left[a_i(M,t)\right] \qquad (6.11)$$

说明

对于平面简谐行波，也可以使用机械波和声波中常见的表示形式：

$$a_i(M,t) = a_0 \cos(\vec{k} \cdot \vec{r} - \omega t - \varphi_i) \text{ 或 } a_i(M,t) = a_0 \exp\left[j(\vec{k} \cdot \vec{r} - \omega t - \varphi_i)\right]$$

以上表示和前面电磁场的表示具有相同的物理含义，只是表示形式不同而已。以上表达形式也是在波动光学中经常采用的形式。

6.2.2　色散关系

传播方程(6.8)的复表示形式为

$$\Delta \underline{a}_i(M,t) - \mu_0 \varepsilon_0 \frac{\partial^2 \underline{a}_i(M,t)}{\partial t^2} = 0 \qquad (6.12)$$

其中，真空中电磁场分量为平面简谐行波形式，记为

$$\underline{a}_i(M,t) = \underline{a}_{i0} \exp\left[j(\omega t - \vec{k} \cdot \vec{r})\right]$$

方程(6.12)对电磁场分量分别求空间和时间的二阶导数，得

$$\Delta \underline{a}_i(M,t) = (-j\vec{k}) \cdot (-j\vec{k}) \underline{a}_i(M,t) = -k^2 \underline{a}_i(M,t)$$

$$\frac{\partial^2 \underline{a}_i(M,t)}{\partial t^2} = (j\omega) \cdot (j\omega) \underline{a}_i(M,t) = -\omega^2 \underline{a}_i(M,t)$$

因此，达朗贝尔方程的复表示形式为

$$\left(-k^2 + \frac{\omega^2}{c^2}\right) \underline{a}_i(M,t) = 0, \forall M,t$$

进而可得出色散关系：

$$k^2 = \frac{\omega^2}{c^2} \qquad (6.13)$$

平面简谐行波的时间周期 $T = \dfrac{2\pi}{\omega}$，空间周期(即波长)$\lambda = \dfrac{2\pi}{k}$，因此色散关系可以转化为空间周期和时间周期之间的关系式：$\lambda = cT$。

电磁波的波长的范围很广，其数量级可以从几皮米(pm)到几千米(km)。图 6.1 展示了电磁波谱的范围，图中详细标明了对应的波长和频率，图中狭窄区间展示了可见光的波谱区域范围。

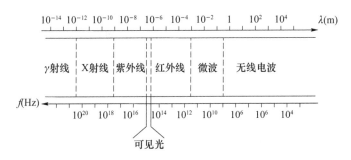

图 6.1　电磁波谱

6.2.3　麦克斯韦方程组的复表示

平面简谐行波矢量场 $\underline{\vec{A}}(M,t)$ 在复表示下关于散度和旋度算符的运算结果为

$$\mathrm{div}\ \underline{\vec{A}}(M,t)=\vec{\nabla}\cdot\underline{\vec{A}}(M,t)=-j\vec{k}\cdot\underline{\vec{A}}(M,t) \tag{6.14}$$

$$\mathbf{rot}\ \underline{\vec{A}}(M,t)=\vec{\nabla}\wedge\underline{\vec{A}}(M,t)=-j\vec{k}\wedge\underline{\vec{A}}(M,t) \tag{6.15}$$

由此可以推出麦克斯韦方程组简化后的复表示写法：

麦克斯韦-高斯方程：$\vec{k}\cdot\underline{\vec{E}}(M,t)=0 \tag{6.16}$

麦克斯韦-汤姆森方程：$\vec{k}\cdot\underline{\vec{B}}(M,t)=0 \tag{6.17}$

麦克斯韦-法拉第方程：$\vec{k}\wedge\underline{\vec{E}}(M,t)=\omega\underline{\vec{B}}(M,t) \tag{6.18}$

麦克斯韦-安培方程：$\vec{k}\wedge\underline{\vec{B}}(M,t)=-\dfrac{\omega}{c^2}\underline{\vec{E}}(M,t) \tag{6.19}$

6.2.4　平面简谐行波的结构

取方程(6.16)和方程(6.17)的实部，可得 $\vec{k}\cdot\vec{E}(M,t)=0$ 以及 $\vec{k}\cdot\vec{B}(M,t)=0$，其中平面简谐行波传播方向由波矢方向 $\vec{k}=k\vec{u}$ 给出，则有

$$\vec{u}\cdot\vec{E}(M,t)=0;\quad \vec{u}\cdot\vec{B}(M,t)=0$$

这说明平面简谐行波的电场与磁场振动方向都与传播方向垂直，因此平面简谐电磁行波为横波。

通过取方程(6.18)的实部，可得 $\vec{k}\wedge\vec{E}(M,t)=\omega\vec{B}(M,t)$，即

$$\vec{B}(M,t)=\frac{\vec{k}\wedge\vec{E}(M,t)}{\omega} \tag{6.20}$$

可以通过关系式(6.20)推出电场与磁场同相位，且电场与磁场的振动方向也相互垂直。

借助于色散关系 $k^2=\dfrac{\omega^2}{c^2}$，可得到电场与磁场的模之间的关系为

$$\|\vec{B}(M,t)\|=\frac{\|\vec{E}(M,t)\|}{c} \tag{6.21}$$

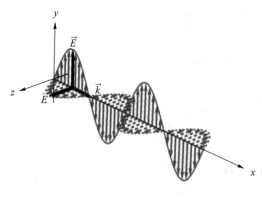

图 6.2 平面简谐行波

说明

① 通过方程（6.19）也可以建立关于电场、磁场模和方向的结构关系式；

② 图 6.2 描述了一列沿 x 轴正方向传播的平面简谐行波。由关系式（6.21）可知磁场的模远小于电场的模，但是为了方便说明电场和磁场的结构关系，图 6.2 中仅将磁场的模描绘的比电场的模略小。

根据以上结论，对平面简谐行波电磁场性质总结如下：

① 电场和磁场随空间和时间呈正弦式变化，时间角频率和空间频率满足色散关系。

$$k = \frac{\omega}{c};$$

② 电场 $\vec{E}(M,t)$ 和磁场 $\vec{B}(M,t)$ 同相位振动；

③ 电场 $\vec{E}(M,t)$ 和磁场 $\vec{B}(M,t)$ 均为横波；

④ 电场 $\vec{E}(M,t)$ 和磁场 $\vec{B}(M,t)$ 的模满足：

$$\|\vec{B}(M,t)\| = \frac{\|\vec{E}(M,t)\|}{c};$$

⑤ 电场 $\vec{E}(M,t)$、磁场 $\vec{B}(M,t)$ 和传播方向单位向量 $\vec{u}$ 构成相互正交关系。

其中最后三条性质来源于电磁波的结构关系式：

$$\vec{B}(M,t) = \frac{\vec{k} \wedge \vec{E}(M,t)}{\omega} = \frac{\vec{u} \wedge \vec{E}(M,t)}{c}。$$

练习 6.1　色散关系

从麦克斯韦方程组的复表示出发（方程（6.16）至（6.19）），推导平面简谐行波的色散关系。

6.2.5　任意平面简谐行波的推广

由于麦克斯韦方程组（以及由此推出的波动方程）是线性方程组，我们可以用傅里叶分析将任意平面行波分解为平面简谐行波的叠加（连续或离散）。其中每一个简谐分量都符合之前的性质。于是我们可以将先前的结果推广至任意形式的平面行波。

平面行波的结构总结：

① 电场 $\vec{E}(M,t)$ 和磁场 $\vec{B}(M,t)$ 均是横波；

② 电场 $\vec{E}(M,t)$ 和磁场 $\vec{B}(M,t)$ 的模满足关系：

$$\|\vec{B}(M,t)\| = \frac{\|\vec{E}(M,t)\|}{c}$$

③ 电场 $\vec{E}(M,t)$、磁场 $\vec{B}(M,t)$ 和传播方向 $\vec{u}$ 构成相互正交关系；

波的结构关系式写作：

$$\vec{B}(M,t) = \frac{\vec{u} \wedge \vec{E}(M,t)}{c}$$

注意

此处因为涉及多个频率的简谐行波，所以不能再简单地给出时间角频率和空间频率的定义，在这种情况下讨论色散关系没有意义。

6.3　平面简谐行波的偏振态

6.3.1　定　义

已知平面简谐电磁行波的电场分量是横波，该性质只能说明电场在与电磁波传播方向垂直的面上振动，但是还不足以准确描述电场的在此面上的具体振动情况，如振动方向是否随时间变化以及如何变化等。本小节通过"偏振"的概念来明确电场在传播过程中的振动特征。

定义 6.1　电磁波的偏振态

平面简谐行波在波面中的电场方向定义为波的偏振方向。在波面上，电场偏振方向随时间的变化状态定义为电磁波的偏振态。

说明

① 由于平面简谐行波的电场和磁场以及传播方向具有相互正交的关系，因此完全可以由电场的振动方向来判断磁场的振动方向，故电磁波的偏振态可以仅借助电场的偏振态来定义；

② 偏振的概念可推广至所有横波（弦上传播的机械波，地震波）。

当观察者迎着电磁波传播的方向观察时，可以通过刻画在过空间场点 M 处的波平面中电场的端点轨迹来研究电磁波的偏振态。下面介绍几种常见的偏振态。

6.3.2　椭圆偏振态

考虑一列沿 x 轴正方向传播的平面简谐行波，其电场表达式如下：

$$\vec{E}(M,t) = E_{0y}\cos(\omega t - kx - \varphi_y)\vec{u_y} + E_{0z}\cos(\omega t - kx - \varphi_z)\vec{u_z} \tag{6.22}$$

电场在 y 方向和 z 方向振动分量存在 $\varphi_z - \varphi_y$ 的相位差，为了简化问题，可以选择 y 方向振动的初相 $\varphi_y = 0$，记 $\varphi_z - \varphi_y = \varphi$，则电场可写作如下形式：

$$\vec{E}(M,t) = E_{0y}\cos(\omega t - kx)\vec{u_y} + E_{0z}\cos(\omega t - kx - \varphi)\vec{u_z} \tag{6.23}$$

则波面上电场端点刻画的轨迹满足如下参数方程：

$$\begin{cases} Y(t) = E_{0y}\cos(\omega t - kx) \\ Z(t) = E_{0z}\cos(\omega t - kx - \varphi) \end{cases} \tag{6.24}$$

将式(6.24)中 $\cos(\omega t - kx - \varphi)$ 展开，可得

$$\cos(\omega t - kx - \varphi) = \cos(\omega t - kx)\cos\varphi + \sin(\omega t - kx)\sin\varphi \tag{6.25}$$

若 $\sin\varphi \neq 0$，可得

$$\sin(\omega t - kx) = \frac{Z(t)}{E_{0z}\sin\varphi} - \frac{Y(t)\cos\varphi}{E_{0y}\sin\varphi} \qquad (6.26)$$

另一方面：

$$\cos(\omega t - kx) = \frac{Y(t)}{E_{0y}} \qquad (6.27)$$

由于$\sin^2(\omega t - kx) + \cos^2(\omega t - kx) = 1$,可推出：

$$\left(\frac{Y(t)}{E_{0y}}\right)^2 + \left(\frac{Z(t)}{E_{0z}\sin\varphi} - \frac{Y(t)\cos\varphi}{E_{0y}\sin\varphi}\right)^2 = 1 \qquad (6.28)$$

以上笛卡儿方程为一标准椭圆方程。图 6.3 描述了通常情况下椭圆偏振态电场的变化情况。图中的椭圆为电场矢量端点划过的轨迹在 $x = 0$ 平面中的投影。

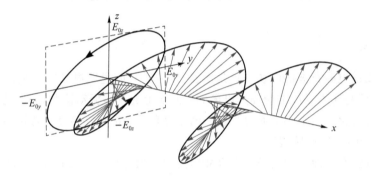

图 6.3　椭圆偏振态

说明

椭圆的长短轴与坐标轴构成的夹角大小取决于相位差 φ;若 $\varphi = \pm\pi/2$,则长短轴分别与 y 和 z 轴重合,此时在 $x = 0$ 波面上的椭圆方程变为

$$\left(\frac{Y(t)}{E_{0y}}\right)^2 + \left(\frac{Z(t)}{E_{0z}}\right)^2 = 1 \qquad (6.29)$$

定义 6.2　左旋和右旋椭圆偏振态

一列单色的平面简谐行波具有椭圆偏振态,即电场端点划过的轨迹在某一波面内的投影是一个椭圆。以逆着波传播方向观察,若椭圆轨迹沿逆时针方向行进,则称之为左旋椭圆偏振态;反之,称之为右旋椭圆偏振态。

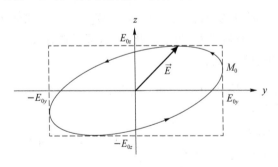

图 6.4　左旋椭圆偏振态

练习 6.2　偏振旋转方向判断

图 6.4 所示为电场在 $x = 0$ 的等相位面上的变化情况,给出电场表达式为

$$\vec{E}(M,t) = E_{0y}\cos(\omega t)\vec{u}_y + E_{0z}\cos\left(\omega t - \frac{\pi}{3}\right)\vec{u}_z$$

求椭圆偏振态电场的旋转方向。

6.3.3　线偏振态

若相位差 $\varphi = 0$ 或 $\varphi = \pi$,参数方程 (6.24)可写为

$$\begin{cases} Y(t) = E_{0y}\cos(\omega t - kx) \\ Z(t) = \pm E_{0z}\cos(\omega t - kx) \end{cases} \tag{6.30}$$

即

$$Z(t) = \pm \frac{E_{0z}}{E_{0y}}Y(t) \tag{6.31}$$

电场振动方向保持不变,称之为线偏振态。电场波的传播和振动方向变化情况如图 6.5 所示。

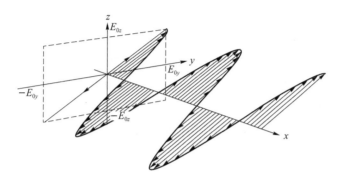

图 6.5　线偏振态

6.3.4　圆偏振态

若相位差 $\varphi = \pm\dfrac{\pi}{2}$,且电场的两个分量有相同的振幅 E_0,则描述波面上电场 $\vec{E}(M,t)$ 端点轨迹的参数方程可写为

$$\begin{cases} Y(t) = E_0\cos(\omega t - kx) \\ Z(t) = \pm E_0\sin(\omega t - kx) \end{cases} \tag{6.32}$$

电场在波面内振动方向绕 x 轴随时间不断旋转,电场端点在波面内划过的轨迹为半径为 E_0 的圆,称电场的这种偏振状态为圆偏振态。图 6.6 所示为某个右旋圆偏振波的传播和电场振动方向变化情况。

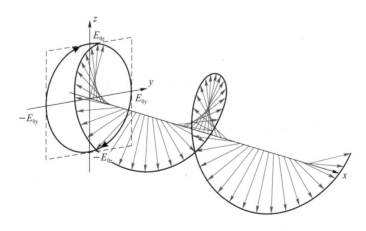

图 6.6　圆偏振态

6.3.5 偏振基

1. 线偏振基

任何形式的沿 x 正方向传播的平面简谐行波的电场矢量都可分解为以下形式：

$$\vec{E}(M,t) = E_{0y}\vec{U}_{R1}(M,t) + E_{0z}\vec{U}_{R2}(M,t) \tag{6.33}$$

其中：

$$E_{0y}\vec{U}_{R1}(M,t) = E_{0y}\cos(\omega t - kx)\vec{u}_y; \quad E_{0z}\vec{U}_{R2}(M,t) = E_{0z}\cos(\omega t - kx - \varphi)\vec{u}_z$$

它们是两列线偏振态平面简谐行波，偏振方向分别沿 y 轴和 z 轴方向。因此将构成总矢量场的两个分量对应的单位向量 $\vec{U}_{R1}(M,t)$, $\vec{U}_{R2}(M,t)$ 叫作**线偏振基**。

性质 6.1 线偏振基

任何平面简谐行波都可以分解为两列线偏振态行波，它们的振动方向互相垂直。

2. 圆偏振基

线偏振态电场 $E_{0y}\cos(\omega t - kx)\vec{u}_y$ 沿 y 方向偏振，可将其写作：

$$E_{0y}\cos(\omega t - kx)\vec{u}_y = \frac{1}{2}\left[E_{0y}\cos(\omega t - kx)\vec{u}_y + E_{0y}\sin(\omega t - kx)\vec{u}_z\right]$$

$$+ \frac{1}{2}\left[E_{0y}\cos(\omega t - kx)\vec{u}_y - E_{0y}\sin(\omega t - kx)\vec{u}_z\right]$$

$$= \frac{1}{2}E_{0y}\vec{U}_{Cd} + \frac{1}{2}E_{0y}\vec{U}_{Cg} \tag{6.34}$$

其中：

$$\vec{U}_{Cg} = \cos(\omega t - kx)\vec{u}_y + \sin(\omega t - kx)\vec{u}_z; \quad \vec{U}_{Cd} = \cos(\omega t - kx)\vec{u}_y - \sin(\omega t - kx)\vec{u}_z$$

$\vec{U}_{Cg}$, $\vec{U}_{Cd}$ 构成了一对沿着 x 轴正方向传播的**左旋圆偏振基**和**右旋圆偏振基**。

以上推导过程说明任何线偏振态波都可以分解为两列圆偏振态波，一列左旋、一列右旋。根据性质 6.1，可推出如下性质：

性质 6.2 圆偏振基

任何平面简谐行波都可以分解为两列圆偏振态行波，一列左旋、一列右旋。

6.4 平面简谐行波能量

考虑一列沿 x 轴正方向传播的平面简谐行波，其电场矢量可写为如下形式：

$$\vec{E}(M,t) = E_{0y}\cos(\omega t - kx)\vec{u}_y + E_{0z}\cos(\omega t - kx - \varphi)\vec{u}_z \tag{6.35}$$

本节将研究这列平面简谐行波的能量体密度、坡印廷矢量，以及偏振态对波能量传播的影响。

6.4.1 电磁波能量体密度

根据第 2 章电磁场能量体密度的定义可知此平面简谐行波能量体密度为

$$w_{em}(M,t) = \frac{\varepsilon_0 \vec{E}^2(M,t)}{2} + \frac{\vec{B}^2(M,t)}{2\mu_0} \tag{6.36}$$

其中,电场能量体密度为

$$w_e(M,t) = \frac{\varepsilon_0 \vec{E}^2(M,t)}{2} = \frac{\varepsilon_0}{2}\left[E_{0y}^2 \cos^2(\omega t - kx) + E_{0z}^2 \cos^2(\omega t - kx - \varphi)\right] \tag{6.37}$$

磁场能量体密度为

$$w_m(M,t) = \frac{\vec{B}^2(M,t)}{2\mu_0} = \frac{\vec{E}^2(M,t)}{2\mu_0 c^2} = \frac{\varepsilon_0 \vec{E}^2(M,t)}{2} \tag{6.38}$$

由此可得电磁波能量体密度瞬时值:

$$w_{em}(M,t) = w_e(M,t) + w_m(M,t) = \varepsilon_0 \vec{E}^2(M,t) = \frac{\vec{B}^2(M,t)}{\mu_0} \tag{6.39}$$

电磁波能量体密度平均值为:

$$\langle w_{em}(M,t) \rangle = \frac{\varepsilon_0}{2}(E_{0y}^2 + E_{0z}^2) \tag{6.40}$$

说明

① 平面简谐电磁波所携带的平均能量体积密度均匀地分布在全空间,由此得出全空间中的总能量是无穷的,这与物理事实不符,所以这里假定的平面简谐行波模型是具有局限性的。在现实中,一列波在空间中传播时,通常被认为在局部处波面可看作是平面(例如在距波源无穷远处的球面波,无限远处波面曲率半径无限大,此处的波面近似看作平面)。

② 现实物理中不存在严格的简谐波(单色波),实际中的波通常包含多个频率成分。但是通过傅里叶分析,可将一列复杂波分解为多个单色波的组合。因此研究任意一频率的单色波的性质对于研究复杂问题具有很重要的价值。

6.4.2　坡印廷矢量

根据平面简谐行波的结构关系式,可以确定坡印廷矢量的表达式:

$$\vec{\pi}(M,t) = \frac{\vec{E}(M,t) \wedge \vec{B}(M,t)}{\mu_0} = \frac{\vec{E}(M,t) \wedge [\vec{k} \wedge \vec{E}(M,t)]}{\mu_0 \omega}$$

$$= \frac{\vec{E}^2(M,t)\vec{k} - [\vec{k} \cdot \vec{E}(M,t)]\vec{E}(M,t)}{\mu_0 \omega} \tag{6.41}$$

已知 $\vec{k} = k\vec{u_x}$,$\vec{E}(M,t) = E_{0y}\cos(\omega t - kx)\vec{u_y} + E_{0z}\cos(\omega t - kx - \varphi)\vec{u_z}$,代入式(6.41),可得

$$\vec{\pi}(M,t) = \frac{\vec{k}}{\mu_0 \omega}\vec{E}^2(M,t) = \frac{1}{\mu_0 c}\vec{E}^2(M,t)\vec{u_x} \tag{6.42}$$

由于 $\mu_0 \varepsilon_0 c^2 = 1$,坡印廷矢量瞬时值还可写作:

$$\vec{\pi}(M,t) = c\varepsilon_0 \vec{E}^2(M,t)\vec{u_x} \tag{6.43}$$

坡印廷矢量时间平均值的表达式为

$$\langle \vec{\pi}(M,t) \rangle = c\varepsilon_0 \langle \vec{E}^2(M,t) \rangle \vec{u}_x = \frac{c\varepsilon_0}{2}(E_{0y}^2 + E_{0z}^2)\vec{u}_x \tag{6.44}$$

坡印廷矢量的方向为此列平面简谐行波的传播方向。

练习 6.3 激光光束的能量

求一功率为 10 mW、截面面积为 1 mm² 的激光光束对应的电场和磁场的振幅大小。

6.4.3 能量的传播

根据式(6.39)和式(6.43)，可得

$$\vec{\pi}(M,t) = cw_{em}\vec{u}_x \tag{6.45}$$

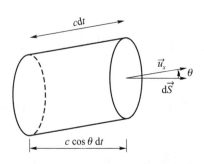

图 6.7 电磁波能量传播示意图

如图 6.7 所示，一平面简谐行波在真空中沿 $\vec{u}_x$ 方向传播，考虑一底面积为 dS 的斜圆柱体，圆柱底面法向与 $\vec{u}_x$ 方向成 θ 角，在 dt 时间内穿过 dS 面积的电磁波能量为

$$dw = \vec{\pi}(M,t) \cdot d\vec{S}\, dt$$
$$= cw_{em}dt\,\vec{u}_x \cdot d\vec{S} \tag{6.46}$$

圆柱的底面积为 dS、母线长为 cdt，且沿 $\vec{u}_x$ 方向。圆柱体体积 $d\tau = cdt\,\vec{u}_x \cdot d\vec{S}$，因此在 dt 时间内穿过 dS 面积的能量也可写作：

$$dw = w_{em}(M,t)d\tau \tag{6.47}$$

表达式(6.47)亦可表示在 dt 时间内穿过 dS 面积进入如图 6.7 所示的斜圆柱体内的电磁波能量。其母线长为 cdt，即 dt 时间内能量经过的距离。因此可以看出电磁波能量的传播速度即为 c。这说明了以下性质：

性质 6.3 电磁波能量在真空中的传播速度

平面简谐行波的能量在真空中以光速 c 传播，它与电磁波在真空中传播速度相等。

注意

能量的传播速度与电磁波的传播速度相等，这一性质适用于平面简谐行波。该性质不取决于电磁波的频率，因此它对任意形式的平面行波都适用（可以用傅里叶分析将平面行波分解为平面简谐行波的和）。相反，对于非平面行波，理论上能量和电磁波的传播速度是不相等的。

6.4.4 偏振态的影响

本小节假设一列平面简谐行波是两束相互垂直的具有线偏振态的平面简谐行波的叠加，其电场可写作如下形式：

$$\vec{E}(M,t) = \vec{E}_y(M,t) + \vec{E}_z(M,t) \tag{6.48}$$

其中：

$$\vec{E}_y(M,t) = E_{0y}\cos(\omega t - kx)\vec{u}_y; \quad \vec{E}_z(M,t) = E_{0z}\cos(\omega t - kx - \varphi)\vec{u}_z$$

根据方程(6.39)可知该电磁波的能量体密度为

$$w_{\text{em}}(M,t) = w_{\text{em},y}(M,t) + w_{\text{em},z}(M,t) = \varepsilon_0 \vec{E}_y{}^2(M,t) + \varepsilon_0 \vec{E}_z{}^2(M,t) \tag{6.49}$$

其中，$w_{\text{em},y}(M,t)$，$w_{\text{em},z}(M,t)$ 分别对应沿 y 方向和 z 方向具有线偏振态电磁波的能量体密度。

坡印廷矢量已由方程(6.43)给出：

$$\vec{\pi}(M,t) = c\varepsilon_0 \vec{E}_y{}^2(M,t) + c\varepsilon_0 \vec{E}_z{}^2(M,t) = \vec{\pi}_y(M,t) + \vec{\pi}_z(M,t) \tag{6.50}$$

其中，$\vec{\pi}_y(M,t)$，$\vec{\pi}_z(M,t)$ 分别对应沿 y 方向和 z 方向具有线偏振态电磁波的坡印廷矢量。

性质 6.4　偏振方向相互垂直的电磁波的能量

两列偏振方向相互垂直的线偏振平面波，其对应的电磁场能量可直接相加：

$$w_{\text{em}}(M,t) = w_{\text{em},y}(M,t) + w_{\text{em},z}(M,t); \vec{\pi}(M,t) = \vec{\pi}_y(M,t) + \vec{\pi}_z(M,t)$$

注意

若两列电磁波的偏振方向不相互垂直，则该性质不再适用，因为在能量叠加时会出现干涉项，这个问题将在波动光学干涉理论中详细研究。

6.5　垂直入射理想导体表面的平面简谐行波的反射

6.5.1　电磁场的入射

考虑一列沿 y 方向偏振的平面简谐行波在 $x<0$ 半空间(真空)中沿 $\vec{u}_x$ 方向传播，并向 $x>0$ 的半空间(理想导体)入射。入射电磁波电场和磁场矢量分别记为 $\vec{E}_i(M,t)$，$\vec{B}_i(M,t)$。

磁场表达式可由平面简谐行波的结构关系式确定，即

$$\vec{B}_i(M,t) = \frac{\vec{u}_x \wedge \vec{E}_i(M,t)}{c} \tag{6.51}$$

假设入射的电磁场表达式可表示为

$$\vec{E}_i(M,t) = E_{oi}\cos(\omega t - kx)\vec{u}_y; \quad \vec{B}_i(M,t) = \frac{E_{oi}}{c}\cos(\omega t - kx)\vec{u}_z \tag{6.52}$$

理想导体的特征可概括为内部电磁场强度为零、体电流密度为零，则对于 $x > 0$ 半空间有

$$\vec{E}(M,t) = \vec{0}; \quad \vec{B}(M,t) = \vec{0}; \quad \vec{j}(M,t) = \vec{0} \tag{6.53}$$

根据电场边值关系，可知电场的切向分量在穿过理想导体表面时连续，即

$$\vec{E}_{//}(0^-,t) = \vec{E}_{//}(0^+,t) \quad \forall t \tag{6.54}$$

由于在理想导体中有 $\vec{E}(0^+,t) = \vec{0}$，电场切向边值关系可写作：

$$\vec{E}_{//}(0^-,t) = \vec{0} \quad \forall t \tag{6.55}$$

假设入射半空间仅存在一列入射电场，则该关系式写作：

$$E_{0i}\cos(\omega t)\vec{u}_y = \vec{0} \quad \forall t \tag{6.56}$$

入射电场不可能在任意时刻都为零，显然这个假设是不成立的。因此还需要考虑反射电磁波的存在，其形式为一列沿 $\vec{u}_x$ 反方向传播的平面简谐行波。

6.5.2　反射波

真空中的反射电磁波的一般形式为横波的形式,它沿 x 减小的方向以光速 c 传播,其电场形式写作:

$$\vec{E}_r(M,t) = f\left(t + \frac{x}{c}\right)\vec{u}_y + g\left(t + \frac{x}{c}\right)\vec{u}_z \tag{6.57}$$

因此,存在于真空中($x < 0$)的总电场为 $\vec{E}(M,t) = \vec{E}_i(M,t) + \vec{E}_r(M,t)$,即

$$\vec{E}(M,t) = \left[E_{0i}\cos(\omega t - kx) + f\left(t + \frac{x}{c}\right)\right]\vec{u}_y + g\left(t + \frac{x}{c}\right)\vec{u}_z \tag{6.58}$$

若该电场方向完全与理想导体表面相切,$x = 0$ 处的边界条件写作 $\vec{E}_{//}(0^-,t) = \vec{0},\ \forall t$,电场在 y 和 z 方向投影得

$$E_{0i}\cos(\omega t) + f(t) = 0, \quad g(t) = 0 \quad \forall t \tag{6.59}$$

由于 $g(t) = 0$,反射电场仅有沿 $\vec{u}_y$ 方向的分量,而且它是线偏振的,因此偏振方向与入射电场相同。故有 $f(t) = -E_{0i}\cos(\omega t)\ \forall t$,即

$$f\left(t + \frac{x}{c}\right) = -E_{0i}\cos\left[\omega\left(t + \frac{x}{c}\right)\right] = -E_{0i}\cos\left(t + \frac{\omega}{c}x\right) \tag{6.60}$$

利用色散关系 $\frac{\omega}{c} = k$,可推出反射电场的表达式:

$$\vec{E}_r(M,t) = -E_{0i}\cos(\omega t + kx)\vec{u}_y \tag{6.61}$$

根据反射磁场与电场在真空中的结构关系式,可得出反射磁场表达式:

$$\vec{B}_r(M,t) = \frac{-\vec{u}_x \wedge \vec{E}_r(M,t)}{c} = \frac{-\vec{u}_x \wedge \left[-E_{0i}\cos(\omega t + kx)\right]\vec{u}_y}{c}$$

$$= \frac{E_{0i}\cos(\omega t + kx)}{c}\vec{u}_z \tag{6.62}$$

6.5.3　驻　波

存在于半空间 $x < 0$ 中的电磁波是入射波与反射波的叠加,合电场的表达式为

$$\vec{E}(M,t) = \vec{E}_i(M,t) + \vec{E}_r(M,t)$$

根据方程(6.52)和方程(6.61),得

$$\vec{E}(M,t) = \left[E_{0i}\cos(\omega t - kx) - E_{0i}\cos(\omega t + kx)\right]\vec{u}_y = 2E_{0i}\sin(\omega t)\sin(kx)\vec{u}_y \tag{6.63}$$

同样地,可导出磁场的表达式:

$$\vec{B}(M,t) = \vec{B}_i(M,t) + \vec{B}_r(M,t)$$

根据方程(6.52)和方程(6.62),得

$$\vec{B}(M,t) = \left[\frac{E_{0i}}{c}\cos(\omega t - kx) + \frac{E_{0i}}{c}\cos(\omega t + kx)\right]\vec{u}_z = \frac{2E_{0i}}{c}\cos(\omega t)\cos(kx)\vec{u}_z \tag{6.64}$$

可以看出,电场和磁场均为时空分离的形式,具有驻波的结构。图 6.8 描述了某一时刻电

场和磁场的形貌特征,图 6.9 描述了不同时刻电场和磁场的形貌特征。

说明

① 电场和磁场振动在空间上和时间上均有 $\pi/2$ 的相位差。电场的波节位置对应磁场的波腹位置,反之亦然。

② 导体平面对于电场而言是一个波节,对于磁场而言是一个波腹。

③ 不存在电磁波的传播现象,如图 6.9 所示,电场和磁场在"原地振荡"。

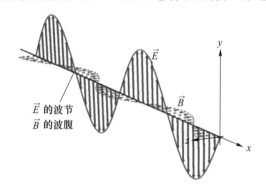

图 6.8　行波入射到理想导体表面

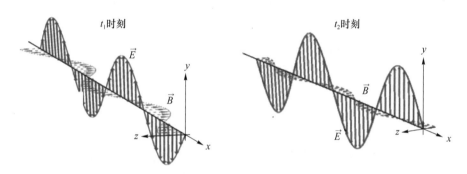

图 6.9　不同时刻的电磁场

注意

由方程(6.63)和方程(6.64)给出的电场 $\vec{E}(M,t)$ 和 $\vec{B}(M,t)$ 为驻波,因此不满足平面简谐行波结构关系式:

$$\vec{B}(M,t) = \frac{\vec{k} \wedge \vec{E}(M,t)}{\omega}$$

这个结构关系式对于单一入射波或单一反射波适用,但由于它们的合成波为驻波,因此对于总电场和总磁场并不适用。

习　题

6-1　真空中平面行波的传播

(1) 写出真空中的电场和磁场满足的麦克斯韦方程组,并推导电场 $\vec{E}$ 和磁场 $\vec{B}$ 满足的传播方程;

（2）真空中麦克斯韦方程的一类解为平面行波解。假定真空中的电磁波沿$\vec{u_z}$方向传播，用 $X(z,t)$ 表示电磁波中电场和磁场任意方向的分量，且具有以下形式：

$$X(z,t)=X(p)=X(z-ct)$$

其中，p 为中间变量，$p=z-ct$。写出麦克斯韦方程组在 $Oxyz$ 坐标系下三个方向的投影方程组；

（3）证明真空中传播的电磁波为横波，即电场 $\vec{E}$ 和磁场 $\vec{B}$ 在传播方向的分量为零；

（4）证明电场与磁场相互正交，电场与磁场的模的比值为一常数，且可以用一个矢量关系来描述电场与磁场的关系；

（5）电磁波的特征阻抗定义为$Z_c=\mu_0 \dfrac{\|\vec{E}\|}{\|\vec{B}\|}$，求真空中电磁波的特征阻抗 Z_c；

（6）记 $u(M,t)$ 为电磁场能量体密度，$\vec{R}(M,t)$ 为坡印廷矢量，写出真空中电磁场能量守恒方程的微分形式；

（7）结合麦克斯韦方程组求电磁场能量体密度 $u(M,t)$ 和坡印廷矢量 $\vec{R}(M,t)$；

（8）将电磁场能量体密度 $u(M,t)$ 和坡印廷矢量 $\vec{R}(M,t)$ 表示为电场 $\vec{E}$ 的表达式，并求 $u(M,t)$ 和 $\vec{R}(M,t)$ 的关系，同时解释这一结果。

6-2　平面简谐行波的偏振态

一列角频率为 ω 的平面简谐行波在真空中沿$\vec{u_z}$方向传播，其电场复表示如下：

$$\underline{\vec{E}}_i=E_0\,\mathrm{e}^{j(\omega t-kz)}\begin{vmatrix}1\\j\\0\end{vmatrix}$$

半无限空间$(z>0)$存在一理想导体，该平面简谐行波从真空入射到理想导体表面 xOy。已知理想导体内部电磁场均为零。另外，电磁波在初始时刻入射时，没有在导体表面引起电荷的分布。

（1）求反射波电场 $\underline{\vec{E}}_r$ 的复表示，判断入射波和反射波电场的偏振态，求真空中的总电场$\underline{\vec{E}}$；

（2）求入射波磁场 $\underline{\vec{B}}_i$ 和反射波磁场 $\underline{\vec{B}}_r$ 以及真空中总磁场$\underline{\vec{B}}$；

（3）求总电场和总磁场的实表示，它们有什么特点？

（4）求电磁场能量体密度 $u(M,t)$ 和坡印廷矢量 $\vec{R}(M,t)$；

（5）求导体表面的面电荷密度 $\sigma(M,t)$ 和面电流密度矢量 $\vec{j_s}(M,t)$。

6-3　两列平面简谐行波的叠加

一列角频率为 ω 的线偏振态平面简谐行波在真空中沿波矢 $\vec{k_1}=k(\cos i\,\vec{u_x}+\sin i\,\vec{u_y})$ 方向传播，其电场复表示如下：

$$\underline{\vec{E}}_1=E_0\,\mathrm{e}^{j(\omega t-\vec{k}_1\cdot\vec{r})}\vec{u_z}$$

（1）写出电场 $\vec{E}_1$ 满足的传播方程，推导色散关系；

（2）求对应磁场 $\vec{B}_1$；

（3）另一列角频率为 ω 的平面简谐行波在真空中传播方向与第一列波传播方向关于 Ox 轴对称，偏振态与第一列波相同，振幅也相同，但其电场 $\vec{E}_2$ 与电场 $\vec{E}_1$ 在 O 点处振动存在 π 的相位差。在 $Oxyz$ 坐标系中画出两列波的波矢，电场和磁场（$\vec{k}_i$，$\vec{E}_i$，$\vec{B}_i$，$i=1$、2）的示意图；

（4）求第二列平面简谐行波的波矢 $\vec{k}_2$、电场 $\vec{E}_2$ 和磁场 $\vec{B}_2$；

（5）从物理上解释第二列波是第一列波在理想导体表面如何反射形成的？

（6）入射波和反射波叠加，求合成电场 $\vec{E}$ 与合成磁场 $\vec{B}$；

（7）求合成场相位面 φ 的传播速度 v_φ；

（8）合成电场是否为行波？其振幅是否为常数？

（9）根据第（5）问建立的物理模型，求金属表面的面电荷密度 $\sigma(M,t)$ 和面电流密度矢量 $\vec{j}_s(M,t)$。

第7章 有色散和吸收介质中电磁波的传播

第 6 章研究的平面简谐电磁行波在真空中的传播时没有考虑其色散性,即波在传播过程中随空间和时间的变化满足达朗贝尔方程,且不会发生形变。本章将研究非简谐电磁波在有色散或吸收介质中的传播,且传播过程中波形会发生形变或振幅衰减现象。在传播过程中波形发生形变的根本原因在于电磁波与传播介质相互作用机制发生变化,电磁波在介质中的传播方程将不满足达朗贝尔方程。另外,在电磁波传播过程中,在不同介质界面发生反射或折射时也会引起波形的变化(即波在传播过程中存在边界条件时也可能会产生色散现象)。关于以上问题,本章将会详细研究。下面首先通过一个无限长耦合摆链中机械波的传播例子来理解波的传播方程以及波形变化的原因。

7.1 耦合摆链机械波传播

7.1.1 无限长耦合摆链

如图 7.1 所示,考虑无限长扭丝上等间距悬挂 n 个质地均匀、质量为 m、长度为 L 的刚性单摆,每个单摆顶端与扭丝刚性连接,被固定于扭丝所处的 Ox 轴上的 O_n 点处,其坐标为 $x_n = nd$,单摆质心位置记为 G_n。单摆可在垂直于扭丝的平面 yO_nz 中摆动,其相对 O_n 端点的转动惯量为 $J = \dfrac{1}{3} mL^2$。

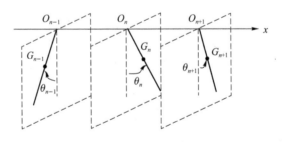

图 7.1 耦合摆链模型图

单摆与竖直垂线的角位置记为 $\theta_n(t)$,以逆着 Ox 轴正方向观察,约定逆时针旋转方向为角度正方向。考虑小振幅振荡的情况,即 $|\theta_n(t)| < 5°$。

扭丝扭转系数为常数 C,相邻两个单摆之间的回复力矩 $\vec{\Gamma}$ 与两摆相对摆角差 $\Delta\theta$ 成正比,例如 O_n 点处单摆对 O_{n-1} 点处单摆产生的力矩为

$$\vec{\Gamma} = C\Delta\theta \vec{u}_x = C(\theta_n - \theta_{n-1})\vec{u}_x \tag{7.1}$$

单摆在摆动过程中由于受空气阻力而存在耗散效应,此处将其模型化为流体摩擦力矩:

$$\vec{\Gamma}_f = -\alpha \frac{\mathrm{d}\theta_n(t)}{\mathrm{d}t}\vec{u}_x \tag{7.2}$$

7.1.2　运动方程

第 n 个单摆受到施加于重心 G_n 处的重力 $\vec{G} = m\vec{g}$，相对于 G_n 点的重力力矩为

$$\vec{\Gamma}_G = \overrightarrow{O_n G_n} \wedge m\vec{g} = -\frac{L}{2} mg \sin\theta_n \vec{u}_x \tag{7.3}$$

O_{n-1} 处单摆对 O_n 处单摆施加的力矩为

$$\vec{\Gamma}_{n-1 \to n} = C(\theta_{n-1} - \theta_n)\vec{u}_x \tag{7.4}$$

O_{n+1} 处单摆对 O_n 处单摆施加的力矩为

$$\vec{\Gamma}_{n+1 \to n} = C(\theta_{n+1} - \theta_n)\vec{u}_x \tag{7.5}$$

对于第 n 个单摆，在 O_n 处应用动量矩定理，并投影到 Ox 轴方向，得到关于 $\theta_n(t)$ 的运动微分方程：

$$\frac{1}{3} mL^2 \frac{d^2\theta_n(t)}{dt^2} = C[\theta_{n+1}(t) - 2\theta_n(t) + \theta_{n-1}(t)] - \frac{L}{2} mg \sin\theta_n(t) - \alpha \frac{d\theta_n(t)}{dt} \tag{7.6}$$

在耦合摆链中的单摆小振幅振荡情况下，可近似认为 $\sin\theta_n(t) \approx \theta_n(t)$，则运动微分方程变为

$$\frac{1}{3} mL^2 \frac{d^2\theta_n(t)}{dt^2} = C[\theta_{n+1}(t) - 2\theta_n(t) + \theta_{n-1}(t)] - \frac{mgL}{2} \theta_n(t) - \alpha \frac{d\theta_n(t)}{dt} \tag{7.7}$$

7.1.3　连续性介质近似

机械波在耦合摆链上传播时，假设相邻两摆之间的距离 d 很短，远小于机械波波长，这种假设下可将具有离散性的单摆链近似看作具有连续性的耦合摆链。同时构造一个二阶连续性函数 $\theta(x,t)$，满足 $\theta(x=nd,t) = \theta_n(t)$。将函数 $\theta(x=nd,t)$ 在 $x = nd$ 邻域作泰勒展开，替代方程(7.7)中的 $\theta_{n-1}(t)$ 和 $\theta_{n+1}(t)$，有

$$\theta_{n+1}(t) = \theta(x+d,t) \approx \theta(x,t) + d\frac{\partial\theta(x,t)}{\partial x} + \frac{d^2}{2}\frac{\partial^2\theta(x,t)}{\partial x^2} \tag{7.8}$$

$$\theta_{n-1}(t) = \theta(x-d,t) \approx \theta(x,t) - d\frac{\partial\theta(x,t)}{\partial x} + \frac{d^2}{2}\frac{\partial^2\theta(x,t)}{\partial x^2} \tag{7.9}$$

方程 (7.7) 中 $\theta_{n+1}(t) - 2\theta_n(t) + \theta_{n-1}(t)$ 可写作：

$$\theta_{n+1}(t) - 2\theta_n(t) + \theta_{n-1}(t) = d^2\frac{\partial^2\theta(t)}{\partial x^2} \tag{7.10}$$

于是方程(7.7)变为

$$\frac{1}{3} mL^2 \frac{\partial^2\theta_n(x,t)}{\partial t^2} = Cd^2 \frac{\partial^2\theta_n(x,t)}{\partial x^2} - \frac{mgL}{2}\theta_n(x,t) - \alpha\frac{\partial\theta_n(x,t)}{\partial t} \tag{7.11}$$

方程(7.11)便是机械波在耦合摆链上的传播方程，但因为多了零阶和一阶项，所以它不是达朗贝尔方程。

7.1.4　求解传播方程

由于方程(7.11)是线性方程，故我们可使用复表示求解此传播方程。根据数学上得出的该微分方程解的形式，假设传播方程解的复表示写作：

$$\underline{\theta}(x,t) = \underline{F}(x)\exp(j\omega t) \tag{7.12}$$

将其代入方程(7.11),得

$$-\omega^2 \frac{mL^2}{3}\underline{F}(x) = Cd^2\frac{\mathrm{d}^2\underline{F}(x)}{\mathrm{d}x^2} - \frac{mgL}{2}\underline{F}(x) - j\omega\alpha\underline{F}(x) \tag{7.13}$$

令 $\underline{K} = \frac{\omega^2 mL^2}{3Cd^2} - \frac{mgL}{2Cd^2} - j\frac{\omega\alpha}{Cd^2}$,则方程(7.13)可写作如下形式:

$$\frac{\mathrm{d}^2\underline{F}(x)}{\mathrm{d}x^2} + \underline{K}F(x) = 0 \tag{7.14}$$

其通解的形式为

$$\underline{F}(x) = \underline{A}\exp(-j\underline{k}x) + \underline{B}\exp(j\underline{k}x)$$

其中,$\underline{k}$ 满足 $(j\underline{k})^2 = \underline{K}$,与之对应的机械波振动表达式为:

$$\underline{\theta}(x,t) = \underline{A}\exp[j(\omega t - \underline{k}x)] + \underline{B}\exp[j(\omega t + \underline{k}x)] \tag{7.15}$$

$\underline{\theta}(x,t)$ 表达式中的两项在形式上看起来与平面简谐行波类似,但是区别在于传播项中的波数 $\underline{k}$ 是复数,其中第一项对应一列沿 x 增加方向传播的波,第二项对应一列沿 x 减小方向传播的波。因为波数 $\underline{k}$ 为复数,不能简单地将这两列波归结为平面简谐行波,但是它们的形式和平面简谐行波又很相似,故将这样的波称为准平面简谐行波。

定义 7.1 准平面简谐行波

一列准平面简谐行波在复表示下具有如下形式:

$$\underline{y}(x,t) = \underline{Y_0}\exp[j(\omega t - \vec{\underline{k}}(\omega) \cdot \vec{OM})]$$

其中,复振幅 $\underline{Y_0} = Y_0\exp(-j\varphi)$,$\varphi$ 表示初相,波矢 $\vec{\underline{k}}(\omega) = \underline{k}(\omega)\vec{u}$ 为复数,波数表达式可由色散关系给出。

7.1.5 色散关系

假设振动形式选取式 (7.15) 的第一项,一列沿着 x 轴正方向传播的准平面简谐行波:

$$\underline{\theta}(x,t) = \underline{A}\exp[j(\omega t - \underline{k}x)] \tag{7.16}$$

此解满足传播方程 (7.11),代入后可得

$$-\omega^2 \frac{mL^2}{3}\underline{A} = \left(-\underline{k}^2 Cd^2 - \frac{mgL}{2} - j\omega\alpha\right)\underline{A} \tag{7.17}$$

因此,波数为

$$\underline{k}^2 = \frac{mL^2}{3Cd^2}\omega^2 - \frac{mgL}{2Cd^2} - j\frac{\omega\alpha}{Cd^2} \tag{7.18}$$

波数与角频率之间的关系称为色散关系。尽管波数的表达式比较复杂,但复波数总可以表示为如下简化形式:

$$\underline{k}(\omega) = k'(\omega) + jk''(\omega) \tag{7.19}$$

7.1.6 色散和吸收

1. 准平面简谐行波的实表示

假定复振幅记为 $\underline{A} = A\exp(-j\varphi)$,准平面简谐行波表达式(7.16)写作:

$$\underline{\theta}(x,t) = A\exp\left[j\left(\omega t - k'(\omega)x - jk''(\omega)x - \varphi\right)\right]$$
$$= A\exp\left[k''(\omega)x\right]\exp\left[j\left(\omega t - k'(\omega)x - \varphi\right)\right] \tag{7.20}$$

准平面简谐行波的实表示为

$$\theta(x,t) = \mathrm{Re}\left[\underline{\theta}(x,t)\right] = A\exp\left[k''(\omega)x\right]\cos\left[\omega t - k'(\omega)x - \varphi\right] \tag{7.21}$$

式(7.21)中包含的波数的实部项 $k'(\omega)$ 和虚部项 $k''(\omega)$ 所代表的物理含义,下面将通过色散和吸收这两个方面分别来解释。

2. 色　散

式(7.21)中, $\cos\left[\omega t - k'(\omega)x - \varphi\right]$ 项表示传播项,描述了一列以速度 $\dfrac{\omega}{k'(\omega)}$,沿 x 增加方向传播的平面简谐行波。因为该速度描述了相位面 $\omega t - k'(\omega)x - \varphi$ 的传播情况,所以被称为相(位)速度 $v_{\varphi}(\omega)$ 。

定义 7.2　相速

一列准平面简谐行波的相速定义为

$$v_{\varphi}(\omega) = \frac{\omega}{k'(\omega)}$$

若相速是角频率的函数,则称此传播具有色散性。一列非简谐行波在介质中传播,根据傅里叶分析,此非简谐行波可以被分解为不同频率传播的准平面简谐行波的叠加,则它的各组分在介质中将以不同的相速传播,有的传播得快,有的传播得慢,整体波形在传播过程中会发生形变。

说明

真空中电磁波传播满足的达朗贝尔方程只是线性波动方程的一种特殊情况,其传播项中的波数是实数,且通过色散关系,可以将相速和光速统一起来,即 $v_{\varphi}(\omega) = \dfrac{\omega}{k} = c$,由此可知真空中电磁波传播速度与频率无关,该相速为常数,且等于光速。

性质 7.1　色散性传播现象

若准平面简谐行波的相速取决于频率,则称该传播现象具有色散性。

传播现象的色散性特征主要取决于以下两个方面:

① 传播介质。不同传播介质中波的传播方程不同,主要体现在其振动解中的传播项 $\cos\left[\omega t - k'(\omega)x - \varphi\right]$ 中波数依赖于介质。

② 边界条件。边界条件也会导致波在介质中传播时具有色散性,比如电磁波在波导中的传播就是由于导体和真空界面处的电磁场边值关系导致电磁波的传播方程发生了变化,使得波数与频率之间不满足线性关系。

3. 吸　收

从波振动的表达式(7.21)可以看出,波在传播过程中其振幅按 $\exp\left[k''(\omega)x\right]$ 规律发生变化。在沿 x 增加方向传播的情况下, $(k'(\omega)>0)$,如果波数虚部项 $k''(\omega)<0$,表示波在传播过程中的振幅不断减小,从能量角度分析可知,波在介质中传播时其能量被介质吸收。

练习 7.1　不透明介质

假定一列非平面简谐行波在某种介质中传播,其振动形式如下:

$$\underline{\theta}(x,t) = \underline{A}\exp[j(\underline{k}x - \omega t)]$$

其中,波数的复表示可写为 $\underline{k} = k' + jk''$,请问 k'' 取何值时我们认为波在介质中传播过程中其能量被介质吸收?

说明

① 某些情况下存在有源介质,例如激光器中的介质,由于受到外场激励,不断有能量注入到介质当中,使得波在其中传播时获得了能量,导致振动加剧或被放大,此时就有 $k''(\omega) > 0$。然而振幅并不会以指数形式一直发散,过高的振幅会导致非线性效应,这种情况下不能再简单的以准平面简谐行波形式的解来表述波的振动了。

② 即便不考虑介质和波能量的相互作用(不管是介质吸收波能量还是有源介质对波振动的增强),波的振幅依然可以在传播过程中增大或减小,例如可以通过改变系统几何形状来产生这种效应。在"几何光学"课程中使用会聚或发散透镜可使光束的能量增强或减弱。

波传播方程的通解及其性质总结

一维传播方程的通解可以看作是各个不同频率的准平面简谐行波的叠加,任意频率成分的准平面简谐行波解的复表示形式均可表示为

$$\underline{\theta}(x,t) = \underline{A}\exp[j(\underline{k}x - \omega t)]$$

其中,复振幅 $\underline{A} = A\exp(-j\varphi)$,复波数 $\underline{k}(\omega)$ 可表示为

$$\underline{k}(\omega) = k'(\omega) + jk''(\omega)$$

① 实部 $k'(\omega)$ 表示波的传播,其相速为

$$v_\varphi = \frac{\omega}{k'(\omega)}$$

② 若相速取决于角频率 ω,则表示此介质为色散性介质。

③ 虚部项 $k''(\omega) \neq 0$ 表示波在传播过程中存在波与介质交换能量现象。在 $k''(\omega) > 0$ 的情况下,波吸收介质能量,波振动振的幅加强;在 $k''(\omega) < 0$ 的情况下,介质吸收波的能量,波振动的振幅减弱。

7.1.7 Klein-Gordon 方程

Klein-Gordon 方程在研究电磁波在色散介质中的传播时经常遇到,关于方程的推导不作详细介绍,本小节主要学习它的一些重要性质。

考虑一列沿着 x 正方向传播的电磁波,使用标量场 $y(x,t)$ 描述此电磁波的行为,其传播方程满足以下形式:

$$\frac{\partial^2 y(x,t)}{\partial t^2} = c^2 \frac{\partial^2 y(x,t)}{\partial x^2} - \omega_c^2 y(x,t) \tag{7.22}$$

其中,c 和 ω_c 分别对应波速和特征角频率,它们都为常数。形如式(7.22)的方程称为 Klein-Gordon 方程。

假设准平面简谐行波形式为 Klein-Gordon 方程解的形式,即

$$\underline{y}(x,t) = \underline{y}_0 e^{[j(\omega t - \underline{k}x)]} \tag{7.23}$$

将其代入方程(7.22),可得 $-\omega^2 = -c^2 \underline{k}^2 - \omega_c^2$,由此可推出色散关系:

$$\underline{k}^2 = \frac{\omega^2 - \omega_c^2}{c^2} \tag{7.24}$$

由色散关系可得出波数 $\underline{k}(\omega)$ 的具体表达式,且波数的性质取决于角频率 ω 的值。下面分 $\omega > \omega_c$ 和 $\omega < \omega_c$ 两种情况分别来讨论。

1. $\omega > \omega_c$

根据色散关系(7.24)很容易得出 $\underline{k}^2 > 0$,波数为一实数,这里选择波数为正,则有

$$k = \frac{\sqrt{\omega^2 - \omega_c^2}}{c} \tag{7.25}$$

假设 $\underline{y_0} = y_0 \exp[-j\varphi]$,则标量场的实数表达式如下:

$$y(x,t) = y_0 \cos[\omega t - k(\omega)x - \varphi] \tag{7.26}$$

通过以上结果可以看出,波数为实数,没有虚部项,于是有 $k''(\omega) = 0$,这种情况不存在介质对电磁波能量的吸收现象。

根据相速的定义 $v_\varphi = \dfrac{\omega}{k'(\omega)}$,由于 $k' = k$,因此

$$v_\varphi = \frac{c}{\sqrt{1 - \dfrac{\omega_c^2}{\omega^2}}} \tag{7.27}$$

通过相速的表达式可以看出相速取决于角频率 ω,这种情况下传播现象具有色散性。

2. $\omega < \omega_c$

根据色散关系(7.24)可得 $\underline{k}^2 < 0$,因此波数为一纯虚数,可将其表示为

$$\underline{k} = jk'' = \pm j \frac{\sqrt{\omega_c^2 - \omega^2}}{c} \tag{7.28}$$

假设 $\underline{y_0} = y_0 \exp(-j\varphi)$,则标量场的实数表达式如下:

$$y(x,t) = y_0 \exp[k''(\omega)x] \cos(\omega t - \varphi) \tag{7.29}$$

电磁波标量场的表达式(7.29)是关于 x 和 t 的函数的乘积,其具有时空分离的形式,可以判断该电磁波是一列驻波。但是它又与真空中满足达朗贝尔方程的驻波解的形式不同,没有波节和波腹,振幅不随空间位置 x 做正弦式变化,而是以 e 指数形式衰减(这里指的是介质处于半空间 $x > 0$,且虚部项 $k'' < 0$ 的情况)。

另外由于波数实部项 $k' = 0$,即没有传播项,无法定义相速,故不存在传播现象。因此把这样的波称为"衰减波"。

定义 7.3　衰减波

一列准平面简谐行波的波数为纯虚数,记波数 $\underline{k}(\omega) = jk''(\omega)$,$k'' < 0$。这列波的振动形式如下:

$$y(x,t) = y_0 \exp[k''(\omega)x] \cos(\omega t - \varphi)$$

其中,这列波的波数实部项 $k' = 0$,无传播项,且振幅项以 e 指数形式随 x 增加而衰减,这样的波称之为"衰减波"。

若波存在于半空间 $x > 0$,$k''(\omega) < 0$,波的振幅以 e 指数形式逐渐减小,其特征距离记为

$\delta(\omega) = \dfrac{1}{|k''(\omega)|}$，可以看出此特征距离取决于电磁波的角频率。

7.2 非简谐行波的传播

简谐波在有色散性的介质中传播时，传播速度取决于简谐波的频率。非简谐行波或一列任意波形的行波分别可以看作具有多个离散频率的简谐波（波函数为周期函数，可以使用傅里叶级数展开成多个频率成分）或连续频率简谐波（波函数为非周期函数，可以使用傅里叶变换处理成无数多个连续频率成分）的组合。若其不同频率成分的简谐波以不同速度传播，这列波会在传播过程中发生变形。

为了着重研究色散效应，本章仅考虑无吸收的（$k''=0$）一维非简谐行波的传播。此外，假设这列行波在此介质中传播具有弱色散性，即对于角频率 ω 变化不大时，可以将波数 k 和角频率 ω 的关系以 $k(\omega) \approx \alpha\omega$ 的形式线性化。

7.2.1 相邻频率成分组成的波的传播

非简谐行波中最简单的情况为由两个相邻角频率 ω_1 和 $\omega_2(>\omega_1)$ 的平面简谐行波组成的一列行波。这列行波因为属于两列频率不同的波的叠加，根据调幅的定义，属于调幅波。

记平均角频率 $\omega_0 = \dfrac{\omega_1+\omega_2}{2}$，角频率差记为 $\delta\omega = \omega_2 - \omega_1$；各组分的波数为 $k_1 = k(\omega_1)$ 和 $k_2 = k(\omega_2)$，对应波数平均值为 $k_0 = k(\omega_0)$。

这列波沿着 x 增加的方向传播。由于介质是具有弱色散性的，可以在 ω_0 的邻域将两个波数表达式线性化：

$$k_1 = k\left(\omega_0 - \frac{\delta\omega}{2}\right) = k(\omega_0) - \frac{\delta\omega}{2}\left(\frac{dk}{d\omega}\right)_{\omega_0} = k_0 - \frac{\delta\omega}{2}\left(\frac{dk}{d\omega}\right)_{\omega_0} \tag{7.30}$$

$$k_2 = k\left(\omega_0 + \frac{\delta\omega}{2}\right) = k(\omega_0) + \frac{\delta\omega}{2}\left(\frac{dk}{d\omega}\right)_{\omega_0} = k_0 + \frac{\delta\omega}{2}\left(\frac{dk}{d\omega}\right)_{\omega_0} \tag{7.31}$$

为了简化问题，假设两组分的振幅相同且初相位都为零，则这列波可写作：

$$y(x,t) = y_0\cos(\omega_1 t - k_1 x) + y_0\cos(\omega_2 t - k_2 x) \tag{7.32}$$

利用三角函数和差化积公式将表达式(7.32)表示为

$$\begin{aligned} y(x,t) &= 2y_0\cos\left(\frac{\omega_1+\omega_2}{2}t - \frac{k_1+k_2}{2}x\right)\cos\left(\frac{\omega_1-\omega_2}{2}t - \frac{k_1-k_2}{2}x\right) \\ &= 2y_0\cos(\omega_0 t - k_0 x)\cos\left[\frac{\delta\omega}{2}t - \frac{\delta\omega}{2}\left(\frac{dk}{d\omega}\right)_{\omega_0}x\right] \\ &= 2y_0\cos\left\{\omega_0\left[t - \frac{x}{\left(\frac{\omega_0}{k_0}\right)}\right]\right\}\cos\left\{\frac{\delta\omega}{2}\left[t - \frac{x}{\left(\frac{d\omega}{dk}\right)_{\omega_0}}\right]\right\} \end{aligned} \tag{7.33}$$

其中，第一项 $\cos\left\{\omega_0\left[t - \dfrac{x}{\left(\frac{\omega_0}{k_0}\right)}\right]\right\}$ 表示角频率为 ω_0 的传播项，它以速度 $\dfrac{\omega_0}{k_0}$ 沿 x 增加的方向

传播;第二项 $cos\left\{\dfrac{\delta\omega}{2}\left[t-\dfrac{x}{\left(\dfrac{\mathrm{d}\omega}{\mathrm{d}k}\right)_{\omega_0}}\right]\right\}$ 表示角频率为 $\dfrac{\delta\omega}{2}\ll\omega_0$ 的传播项,它以速度 $\left(\dfrac{\mathrm{d}\omega}{\mathrm{d}k}\right)_{\omega_0}$ 沿

x 增加的方向传播。由于它的频率相较于第一项很小,函数变化周期较长,因此可将第二项函数曲线作为角频率为 ω_0 的这列波传播时的包络线。

由分析可得这列波在传播过程中发生了形变,具体表现为:角频率为 ω_0 的相位面以速度 $\dfrac{\omega_0}{k_0}$ 沿着 Ox 轴正方向传播,这列波整体被一个以速度为 $\left(\dfrac{\mathrm{d}\omega}{\mathrm{d}k}\right)_{\omega_0}$ 沿着 Ox 轴正方向传播的包络限制(见图 7.2)。

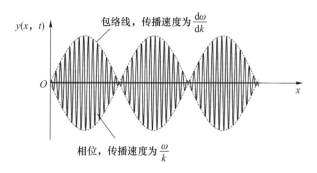

图 7.2　两相邻频率组成的波的传播

说明

若传播具有非色散性,记 $k(\omega)=\alpha\omega$,则 $\dfrac{\mathrm{d}\omega}{\mathrm{d}k}=\dfrac{\omega}{k}=\dfrac{1}{\alpha}$。包络和相位面以相同速度传播。此时这列波以一个整体形式沿着 Ox 轴正方向传播,故波形不发生形变。

7.2.2　波包的传播

由 7.2.1 小节可知,由频率相近的两列平面简谐行波构成的一列非简谐行波受到传播速度相对较小的包络的限制,在空间中传播时,外围包络线构成一个个波包。如果这列波是由多个频率的简谐行波组成,那么这列波的相位面将会以平均角频率 ω_0 在空间传播,并由一个有限长度的包络限制,它的周期很大,平均周期 $T_0=\dfrac{2\pi}{\omega_0}$,其传播时的波形如图 7.3 所示,波形整体外围的包络构成一个波包。

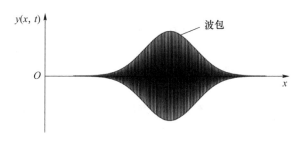

图 7.3　波包波形示意图

波包的空间扩展性完全由组成这列波的频率组分范围确定：频率分布范围越大，波包扩展性越小；反之，频率范围越小，波包空间扩展性越大。对于单一频率的极限情况，波包为无限长。对于一列角频率具有连续分布，且分布范围在 $\left[\omega_0 - \dfrac{\Delta\omega}{2}, \omega_0 + \dfrac{\Delta\omega}{2}\right]$ 区间的非简谐行波，其振动形式可表示为

$$y(x,t) = \frac{1}{\sqrt{2\pi}} \int_{\omega_0 - \frac{\Delta\omega}{2}}^{\omega_0 + \frac{\Delta\omega}{2}} \hat{y}(\omega) \exp\left[j(\omega t - kx)\right] \mathrm{d}\omega \tag{7.34}$$

其中，$\hat{y}(\omega)$ 称为振幅谱密度函数，它取决于这列波的产生过程，描述了光源的单色特性。

由于频谱宽度 $\Delta\omega$ 很小且传播介质为弱色散性介质，由此可以在中心角频率 ω_0 的邻域将色散关系线性化：

$$k(\omega) = k(\omega_0) + (\omega - \omega_0)\left(\frac{\mathrm{d}k}{\mathrm{d}\omega}\right)_{\omega_0} = k_0 + (\omega - \omega_0)\left(\frac{\mathrm{d}k}{\mathrm{d}\omega}\right)_{\omega_0} \tag{7.35}$$

记 $k_0 = k(\omega_0)$，故式（7.34）的指数项可写作：

$$
\begin{aligned}
\exp\{i[\omega t - k(\omega)x]\} &= \exp\left(j\left\{\omega t - \left[k_0 + (\omega - \omega_0)\left(\frac{\mathrm{d}k}{\mathrm{d}\omega}\right)_{\omega_0}\right]x\right\}\right) \\
&= \exp\left\{j\left[(\omega - \omega_0)t + \omega_0 t - k_0 x - (\omega - \omega_0)\left(\frac{\mathrm{d}k}{\mathrm{d}\omega}\right)_{\omega_0}x\right]\right\} \\
&= \exp\left[j(\omega_0 t - k_0 x)\right]\exp\left\{j(\omega - \omega_0)\left[t - \frac{x}{\left(\frac{\mathrm{d}\omega}{\mathrm{d}k}\right)_{k_0}}\right]\right\}
\end{aligned}
\tag{7.36}
$$

由于 $\exp[j(\omega_0 t - k_0 x)]$ 项不取决于 ω，可将其分离出积分，即

$$y(x,t) = \frac{1}{\sqrt{2\pi}}\exp\left[j(\omega_0 t - k_0 x)\right]\int_{\omega_0 - \frac{\Delta\omega}{2}}^{\omega_0 + \frac{\Delta\omega}{2}} \hat{y}(\omega)\exp\left\{j(\omega - \omega_0)\left[t - \frac{x}{\left(\frac{\mathrm{d}\omega}{\mathrm{d}k}\right)_{k_0}}\right]\right\}\mathrm{d}\omega$$

$$\tag{7.37}$$

积分结果应当是关于 x 和 t 的函数，记为

$$\frac{1}{\sqrt{2\pi}}\int_{\omega_0 - \frac{\Delta\omega}{2}}^{\omega_0 + \frac{\Delta\omega}{2}} \hat{y}(\omega)\exp\left\{j(\omega - \omega_0)\left[t - \frac{x}{\left(\frac{\mathrm{d}\omega}{\mathrm{d}k}\right)_{k_0}}\right]\right\}\mathrm{d}\omega = F\left[t - \frac{x}{\left(\frac{\mathrm{d}\omega}{\mathrm{d}k}\right)_{\omega_0}}\right] \tag{7.38}$$

因此，波包振动表达式可写作：

$$y(x,t) = \exp\left[j(\omega_0 t - k_0 x)\right]F\left[t - \frac{x}{\left(\frac{\mathrm{d}\omega}{\mathrm{d}k}\right)_{k_0}}\right] \tag{7.39}$$

分析振动表达式可得出此列波以平均角频率 ω_0 在空间沿着 x 正方向以速度 $\dfrac{\omega_0}{k_0}$ 传播，此列波整体被一个以速度为 $\left(\dfrac{\mathrm{d}\omega}{\mathrm{d}k}\right)_{\omega_0}$，沿着 x 轴正方向传播的 F 函数包络限制。

7.2.3　群　速

通过 7.2.1 小节和 7.2.2 小节的两个例子的学习，发现非简谐行波可被看成一列以相速

$v_\varphi = \dfrac{\omega}{k'}$ 传播,同时被一包络线调制的行波,此包络线整体以速度 $\dfrac{d\omega}{dk}$ 向前传播,这里将包络传播速度定义为群速。

定义 7.4　群速

在弱色散介质中传播的电磁波,波列包络传播速度被定义为群速,即

$$v_g = \frac{d\omega}{dk'}$$

说明

① 若 ω 和 k' 之间的关系是线性的,即 $k' = \alpha\omega$,则传播是非色散性的,于是有

$$v_g = \frac{d\omega}{dk'} = \frac{\omega}{k'} = \frac{1}{\alpha} = v_\varphi$$

说明相速与群速相等,波包在传播过程中不发生形变。

② 群速表示波包的传播速度,我们可将其理解为波的整体传播的速度,故得名"群速"。

7.2.4　Klein-Gordon 方程

7.1.7 小节研究过 Klein-Gordon 方程及其色散关系,本小节将研究满足此传播方程的非简谐行波对应的群速和相速。

想要得到群速的表达式,首先需要对色散关系式(7.24)两边求微分,若 $\omega > \omega_c$,波数是实数,则有

$$2k' dk' = \frac{2\omega d\omega}{c^2} \tag{7.40}$$

即 $\dfrac{\omega}{k'} \dfrac{d\omega}{dk'} = c^2$,则相速和群速满足如下关系:

$$v_\varphi v_g = c^2 \tag{7.41}$$

说明

关系式 (7.41)仅是针对满足 Klein-Gordon 方程的非简谐行波对应的相速和群速的关系,对于不具有弱色散性介质的传播,此关系式不一定成立。

根据相速的表达式(7.27)和关系式(7.41),可导出群速的表达式:

$$v_g = c\sqrt{1 - \frac{\omega_c^2}{\omega^2}} \tag{7.42}$$

图 7.4 为 $\omega > \omega_c$ 的情况下相速和群速随角频率的变化规律图。

说明

由图 7.4 可以看出相速在 $\omega \to \omega_c$ 时发散,且出现了 v_φ 比光速大,这看起来与狭义相对论结论矛盾。狭义相对论提到物体的运动速度或能量的传播速度不会超过光速,此处的相速为视速度,不是真正意义上物质或能量传播的速度。电磁波在空间传播,其能量传播速度应该是整个波包行进的速度,即前面定义的群速。所以可以理解为电磁波的能量是以群速传播的。因此群速应该始终不大于光速,从图 7.4 中看到,满足 Klein-Gordon 方程的波列的群速 v_g 与此结论相符合。

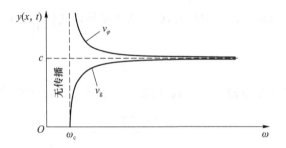

图 7.4　Klein-Gordon 方程对应的相速和群速

7.2.5　波包传播时的形变

在无色散传播情况下,波包在传播过程中不变形,若遇到色散性介质则不同。波包的各角频率组分以不同速度传播(v_φ 取决于 ω),波包在传播过程中发生形变,有时也不能将色散关系 $k'(\omega)$ 简单地做线性化处理。图 7.5 表示了不同时刻下波包的空间形貌,同时也说明波包的形变主要体现为一种错开效应,波包的空间宽度随时间推移不断增加。

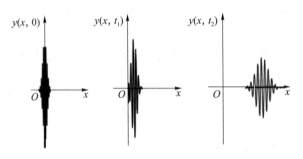

图 7.5　不同时刻($0 < t_1 < t_2$)波包形貌图

7.3　等离子体中电磁波的传播

7.3.1　等离子体

等离子体通常被称为物质的第 4 种状态,它是一种部分或完全被电离的气体,主要由阳离子和电子组成。等离子体在自然界比较少见,它主要存在于恒星或星际物质间。地球外围大气层中存在等离子体层,即通常所说的磁层或电离层。

等离子体也可以在超高温条件下形成(几千开尔文以上),而地球上通常没有这样的高温条件,只有在工业上人为地设计制造出高温条件从而产生等离子体,例如用于工业发电的等离子体反应堆(托克马克装置)。此外还可以通过高压电场产生等离子体,如真空放电管和等离子体电视等。

由于电磁场之间的耦合和自由电荷的集体运动,电磁波在等离子体中的传播呈现出一些相较于其他介质而言特有的性质。为了便于理解,本书关于此方面的研究仅限于以下最简单

的等离子体模型:

① 考虑一稀薄介质,介质中的带电粒子间的相互作用力可以忽略,这些粒子只受电磁场作用力;

② 阳离子的质量相较电子而言大得多,在外场作用下可视作静止不动;

③ 等离子体由质量为 M、带电量为 $+e$、密度为 n_i 的阳离子和质量为 m、带电量为 $-e$、密度为 n_e 的电子组成。阳离子和电子具有相同的体电荷密度 n_0。

④ 考虑一列电磁横波在等离子体中的传播,该波为简谐波,角频率为 ω。电子的运动可由速度场 $\vec{v}_e(M, t)$ 描述,此速度场给出了电子在时刻 t 在 M 点处的速度分布。

7.3.2　简谐横波在等离子体中的传播

1. 等离子体的电中性

假设一列电磁波沿 $\vec{u}_x$ 方向传播,考虑到麦克斯韦方程的线性属性,选择准平面简谐行波作为等离子体中传播的电磁波的形式,这里以研究电场为主,即

$$\underline{\vec{E}}(M, t) = \underline{\vec{E}}_0 e^{j(\omega t - \underline{k}x)} \tag{7.43}$$

由于该电磁波为横波,故有 $\vec{E}_0 \cdot \vec{u}_x = 0$,即电场振动方向与波的传播方向相互垂直。

根据麦克斯韦-高斯方程 $\mathrm{div}\,\vec{E} = \dfrac{\rho}{\varepsilon_0}$,可以通过电场的散度判断电荷体密度的具体信息,而对于等离子体中的体电荷密度可写作: $\rho = n_i e - n_e e$。由于电场只取决于空间变量 x,且电场没有沿 $\vec{u}_x$ 方向的分量,故有 $\mathrm{div}\,\vec{E} = 0$,即 $\rho = 0$。这说明在准平面简谐行波作用下等离子体中的阳离子和电子的体电荷密度是相同的,即 $n_i = n_e = n_0$。当这种类型的电磁波存在时,电子在空间中均匀分布,等离子体保持电中性状态。

性质 7.2　局部电中性

在一列电磁横波作用下的等离子体局部保持电中性,阳离子和电子的体电荷密度相同。

2. 等离子体的电导率

等离子体中一个电子受到的洛伦兹力 $\vec{F} = -e(\underline{\vec{E}} + \vec{v}_e \wedge \underline{\vec{B}})$。电场 $\vec{E}$ 的表达式已由式(7.43)给出,根据麦克斯韦-法拉第方程 $\mathbf{rot}\,\underline{\vec{E}} = -\dfrac{\partial \underline{\vec{B}}}{\partial t}$ 的复表示 $-j\underline{k}\vec{u}_x \wedge \underline{\vec{E}} = -j\omega\underline{\vec{B}}$,可得磁场 $\underline{\vec{B}} = \dfrac{\underline{k}\vec{u}_x \wedge \underline{\vec{E}}}{\omega}$。可以看出,磁场和电场在数量级上有以下关系:

$$\|\underline{\vec{B}}\| \sim \frac{k}{\omega}\|\underline{\vec{E}}\| = \frac{\|\underline{\vec{E}}\|}{v_\varphi} \tag{7.44}$$

故, $\|\vec{v}_e \wedge \underline{\vec{B}}\| \sim v_e \dfrac{k}{\omega}\|\underline{\vec{E}}\| = \dfrac{v_e}{v_\varphi}\|\underline{\vec{E}}\|$。通常情况下,相速和光速数量级相差不多,即 $v_\varphi \sim c$。因此有 $\|\vec{v}_e \wedge \underline{\vec{B}}\| \sim \dfrac{v_e}{c}\|\underline{\vec{E}}\|$。假设不考虑相对论效应,电子运动速度与光速不可比拟,即

$v_e \ll c$。在这种情况下，磁场力相较于电场力是可忽略的。因此电子只受电场力的作用，即 $\vec{F} = -e\vec{E}$。

考虑等离子体中一体积元 $d\tau$ 中包含 $n_0 d\tau$ 个电子，带电量为 $-en_0 d\tau$，受力为 $d\vec{F} = -en_0\vec{E}d\tau$，对应的力的体密度 $\vec{F}_v = -en_0\vec{E}$。使用流体力学中分析流体微团运动的欧拉方程：

$$\mu_e \frac{D\vec{v}_e}{Dt} = \mu_e \left[(\vec{v}_e \cdot \mathbf{grad})\vec{v}_e + \frac{\partial \vec{v}_e}{\partial t} \right] = -en_0\vec{E} \tag{7.45}$$

其中，$\mu_e = mn_0$ 为电子体电荷密度。

电场作用下的电子的运动方向与电场振动方向共线，且电场振动沿 $\vec{u}_y$ 和 $\vec{u}_z$ 方向具有平移不变性，故速度场的分量也不取决于 y 和 z，即

$$\vec{v}_e(M,t) = \vec{v}_e(x,t) = v_y(x,t)\vec{u}_y + v_z(x,t)\vec{u}_z \tag{7.46}$$

故有

$$(\vec{v}_e \cdot \mathbf{grad})\vec{v}_e = v_y(x,t)\frac{\partial \vec{v}_e(x,t)}{\partial y} + v_z(x,t)\frac{\partial \vec{v}_e(x,t)}{\partial z} = \vec{0} \tag{7.47}$$

故方程(7.45)写作：

$$m\frac{\partial \vec{v}_e}{\partial t} = -e\vec{E} \tag{7.48}$$

为了计算方便，将微分方程(7.48)转化为复表示代数方程，即

$$j\omega m \vec{\underline{v}}_e = -e\vec{\underline{E}} \tag{7.49}$$

根据电流体密度矢量定义，考虑阳离子由于本身质量相对比较大，在电磁波传播时近似认为静止不动，根据体电流密度矢量定义，有 $\vec{\underline{j}} = n_0 e \vec{v}_i - n_0 e \vec{v}_e = -n_0 e \vec{v}$，在复表示下为

$$\vec{\underline{j}} = \frac{n_0 e^2}{jm\omega}\vec{\underline{E}} = -j\frac{n_0 e^2}{m\omega}\vec{\underline{E}} \tag{7.50}$$

由于体电流密度矢量与电场成正比例关系，因此可通过欧姆定律微分表达式 $\vec{\underline{j}} = \underline{\gamma}\vec{\underline{E}}$ 来定义电导率 $\underline{\gamma}$，则有

$$\underline{\gamma} = -j\frac{n_0 e^2}{m\omega} \tag{7.51}$$

定义 7.5　等离子体的复电导率

等离子体的复电导率为一纯虚数，即

$$\underline{\gamma} = -j\frac{n_0 e^2}{m\omega}$$

说明

① 体电流密度矢量与电场存在 $\frac{\pi}{2}$ 的相位差；

② 由焦耳热功率体密度定义可得 $\langle \vec{j} \cdot \vec{E} \rangle = 0$，可知准平面简谐行波在等离子体中传播时不会产生焦耳热效应。

3. 色散关系

麦克斯韦-法拉第方程在复表示下写作代数方程 $-j\underline{k}\vec{u}_x \wedge \underline{\vec{E}} = -j\omega\underline{\vec{B}}$，即

$$\underline{\vec{B}} = \frac{\underline{k}\vec{u}_x \wedge \underline{\vec{E}}}{\omega} \tag{7.52}$$

麦克斯韦-安培方程在复表示下的代数方程写作 $-j\underline{k}\vec{u}_x \wedge \underline{\vec{B}} = \mu_0\underline{\vec{j}} + \mu_0\varepsilon_0 j\omega\underline{\vec{E}}$，考虑到 $\underline{\vec{j}}$ 的表达式 $\underline{\vec{j}} = -j\dfrac{n_0 e^2}{m\omega}\underline{\vec{E}}$ 和关系式 $\mu_0\varepsilon_0 c^2 = 1$，则有

$$\underline{k}\vec{u}_x \wedge \underline{\vec{B}} = \left(\mu_0\frac{n_0 e^2}{m\omega} - \frac{\omega}{c^2}\right)\underline{\vec{E}} \tag{7.53}$$

由式(7.52)和式(7.53)可推出：

$$\left(\mu_0\frac{n_0 e^2}{m\omega} - \frac{\omega}{c^2}\right)\underline{\vec{E}} = \underline{k}\vec{u}_x \wedge \left(\frac{\underline{k}\vec{u}_x \wedge \underline{\vec{E}}}{\omega}\right) = \frac{\underline{k}\vec{u}_x(\underline{k}\vec{u}_x \cdot \underline{\vec{E}}) - \underline{k}^2\underline{\vec{E}}}{\omega}$$

由于 $\vec{u}_x \cdot \underline{\vec{E}} = 0$，可推出如下色散关系：

$$\underline{k}^2 = \frac{\omega^2}{c^2} - \frac{\mu_0 n_0 e^2}{m} \tag{7.54}$$

式(7.54)亦可写作：

$$\underline{k}^2 = \frac{\omega^2 - \dfrac{\mu_0 c^2 n_0 e^2}{m}}{c^2} = \frac{\omega^2 - \dfrac{n_0 e^2}{m\varepsilon_0}}{c^2} = \frac{\omega^2 - \omega_p^{\,2}}{c^2}$$

其中，$\omega_p = \sqrt{\dfrac{n_0 e^2}{m\varepsilon_0}}$，称之为**等离子体角频率**（或朗缪尔角频率）。

可以看出等离子体中电磁波传播对应的色散关系与 7.1.7 小节 Klein-Gordon 方程建立的色散关系式(7.24)具有相同形式。关于这种类型波的性质在 7.1.7 小节以及 7.2.4 小节已研究过。

等离子体中电磁波的传播总结

等离子体中电磁波传播满足的色散关系为

$$\underline{k}^2 = \frac{\omega^2 - \omega_p^{\,2}}{c^2}$$

其中，$\omega_p = \sqrt{\dfrac{n_0 e^2}{m\varepsilon_0}}$ 为等离子体角频率。

① 只有当 $\omega > \omega_p$ 时，波矢 $\underline{k}$ 为一实数，电磁波可在等离子体中传播，其相速和群速分别为

$$v_\varphi = \frac{c}{\sqrt{1 - \dfrac{\omega_p^2}{\omega^2}}}, \quad v_g = c\sqrt{1 - \frac{\omega_p^2}{\omega^2}} \tag{7.55}$$

可以看出，相速取决于电磁波角频率，传播具有色散性。v_φ 和 v_g 随角频率变化关系可参见图 7.4。

② 当 $\omega < \omega_p$ 时，波矢 $\underline{k}$ 为纯虚数，电磁波进入等离子体内部变为一列衰减波，电磁波无法在等离子体中传播，到达等离子体的波会被反射。等离子体角频率类似电学中高通滤波器中的截止角频率，低于该角频率时电磁波无法通过等离子体继续传播，即等离子体对于电磁波具有高通低不通的特性。

说明

① 等离子体中电磁波传播的相速大于真空中的光速，这与狭义相对论的结果并不矛盾，因为相速 v_φ 只是一种视速度，并非能量传播速度，能量以群速 v_g 传播，光速 c 是能量（或信息）传播的最大速度，只要群速小于光速即可。

② 当 $\omega \gg \omega_p$ 时，有 $v_\varphi \to c$、$v_g \to c$，极高频电磁波在等离子体中的传播表现与在真空中传播类似。可以定性理解为，对于高频而言，由于惯性，等离子体中的自由电子不能对高频变化的电磁波"作出反应"，因此电磁波与等离子体这种物质几乎无任何相互作用，可以自由传播。

③ 在 $\omega > \omega_p$ 的情况下，电磁波在等离子体中传播时不存在衰减情况。这点由 3.1.1 小节等离子体电导率为纯虚数、等离子体中焦耳热功率为零的特点也可以看出，电磁波传播时无阻尼和耗散现象产生。

7.4　两种介质界面处平面简谐行波的反射和折射

7.4.1　介质折射率定义

考虑一列准平面简谐行波在一介质中传播，其波数表示为 $\underline{k}(\omega) = k'(\omega) + jk''(\omega)$。

定义 7.6　复折射率
介质的复折射率 $\underline{n}$ 定义为

$$\underline{k} = \underline{n} \frac{\omega}{c}$$

已知，平面简谐行波在真空中传播时对应的色散关系为

$$k_0 = \frac{\omega}{c}$$

其中，k_0 为真空中波数，因此介质中的波数可写作：$\underline{k} = \underline{n}k_0$。

由于波数写作 $\underline{k} = k' + ik''$，可同理将复折射率分解为 $\underline{n} = n' + jn''$。

定义 7.7　色散折射率
介质的复折射率的实部定义为色散折射率，即

$$n' = k' \frac{c}{\omega}$$

根据以上定义知，相速也可以用色散折射率和光速的关系式来表示，即 $v_\varphi = \dfrac{\omega}{k'} = \dfrac{c}{n'}$。在光学中，透明介质的折射率即为色散折射率，通常用 $n = \dfrac{c}{v}$ 来表示，式中 c 和 v 分别表示光在真空和介质中的传播速度。

定义 7.8　吸收折射率

介质的复折射率的虚部定义为吸收折射率,即

$$n'' = k'' \frac{c}{\omega}$$

若 $n'' = 0$,则表示介质是透明的。

7.4.2　两透明介质界面处平面简谐行波的反射和折射

考虑两种透明的介质,假设两种介质都是透明、绝缘、质地均匀且各向同性(电磁波在介质中的传播性质不取决于传播方向)的介质,它们的折射率分别为实数 n_1 和 n_2。两种介质的分界面(Σ)假设为在 $x=0$ 处的平面。分界面(Σ)在几何光学中通常被称为折光面。介质 1 占据 $x<0$ 的半空间,介质 2 占据 $x>0$ 的半空间。

如图 7.6 所示,一列平面简谐行波在介质 1 中沿波矢 $\vec{k}_i$ 方向传播并入射到分界面(Σ)上一点 I 处,入射波在分界面(Σ)被分成了两列波,一列是在介质 2 中沿波矢 $\vec{k}_t$ 方向传播的平面简谐行波,称之为透射波;另一列在介质(1)中沿波矢 $\vec{k}_r$ 方向传播,称之为反射波。那么入射波矢、反射波矢和透射波矢具体满足什么关系呢?下面将解决此问题。

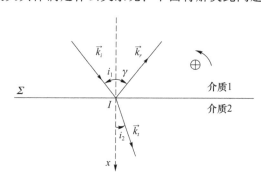

图 7.6　两透明介质界面处平面简谐行波的反射和折射

以上假设提到的介质是透明的介质,电磁波在其中传播没有能量吸收现象,只是传播方向发生了改变,因此可将入射波、反射波和透射波均看作平面简谐行波,下面分别描述其电磁场形式。

入射波是一列平面简谐行波,入射波波矢记为 $\vec{k}_i = n_1 \dfrac{\omega}{c} \vec{u}_i$,其电场的复表达式可表示为

$$\underline{\vec{E}}_i(M,t) = \underline{\vec{E}}_{0i} \mathrm{e}^{j(\omega t - \vec{k}_i \cdot \overrightarrow{OM})} \tag{7.56}$$

其中,$\underline{\vec{E}}_{0i}$ 表示入射波电场复振幅,它携带入射电场振动方向信息,ω 表示电磁波振动角频率,$\overrightarrow{OM}$ 表示所研究场点的位置矢量。

反射波也是一列平面简谐行波,反射波波矢记为 $\vec{k}_r = n_1 \dfrac{\omega}{c} \vec{u}_r$,其电场的复表达式可表示为

$$\underline{\vec{E}}_r(M,t) = \underline{\vec{E}}_{0r} \mathrm{e}^{j(\omega t - \vec{k}_r \cdot \overrightarrow{OM})} \tag{7.57}$$

透射波也具有平面简谐行波的形式,透射波波矢记为 $\vec{k}_t = n_2 \dfrac{\omega}{c} \vec{u}_t$,其电场的复表达式可表示为

$$\vec{E}_t(M,t) = \vec{E}_{0t} \, e^{j(\omega t - \vec{k}_t \cdot \overrightarrow{OM})} \tag{7.58}$$

故介质 1 和介质 2 中总电场 $\vec{E}_1(M,t)$ 和 $\vec{E}_2(M,t)$ 可表示为

$$\vec{E}(M,t) = \begin{cases} \vec{E}_1(M,t) = \vec{E}_i(M,t) + \vec{E}_r(M,t), x < 0 \\ \vec{E}_2(M,t) = \vec{E}_t(M,t), x > 0 \end{cases} \tag{7.59}$$

由麦克斯韦-法拉第方程的复表示,可以得出一列在透明介质中沿 $\vec{u}$ 方向传播的平面简谐行波的磁场和电场的关系式:

$$\vec{B} = \frac{\vec{k} \wedge \vec{E}}{\omega} = \frac{n}{c} \vec{u} \wedge \vec{E} \tag{7.60}$$

由此可推出入射磁场、反射磁场和透射磁场的表达式:

$$\vec{B}_i(M,t) = \frac{n_1}{c} \vec{u}_i \wedge \vec{E}_i(M,t)$$

$$\vec{B}_r(M,t) = \frac{n_1}{c} \vec{u}_r \wedge \vec{E}_r(M,t) \tag{7.61}$$

$$\vec{B}_t(M,t) = \frac{n_2}{c} \vec{u}_t \wedge \vec{E}_t(M,t)$$

故介质 1 和介质 2 中总磁场 $\vec{B}_1(M,t)$ 和 $\vec{B}_2(M,t)$ 可表示为

$$\vec{B}(M,t) = \begin{cases} \vec{B}_1(M,t) = \vec{B}_i(M,t) + \vec{B}_r(M,t), & x < 0 \\ \vec{B}_2(M,t) = \vec{B}_t(M,t), & x > 0 \end{cases} \tag{7.62}$$

7.4.3　边值关系

平面简谐行波在穿过折光面上的入射点 I 时,电场满足如下边值关系:

$$\vec{E}_2(I,t) - \vec{E}_1(I,t) = \frac{\sigma(I,t)}{\varepsilon_0} \vec{n}_{1 \to 2} \quad \forall I \in (\Sigma) \tag{7.63}$$

其中,$\sigma(I,t)$ 表示折光面 I 点处的面电荷密度,$\vec{n}_{1 \to 2}$ 表示折光面 I 点处从介质 1 指向介质 2 方向的法向单位向量。

由 7.4.2 小节假设可知两种透明介质均为不导电的绝缘介质,但是因为绝缘体是可以在表面处带电的,两介质间分界面上是否会存在电荷无法准确判断。为了避开此问题,只关注边值关系(7.63)的切向分量:

$$\vec{E}_{2/\!/}(I,t) - \vec{E}_{1/\!/}(I,t) = \vec{0} \quad \forall I \in (\Sigma) \tag{7.64}$$

式(7.64)表明电场的切向分量在两介质的分界面处是连续的。

另外，折光面上的入射点 I 处的磁场边值关系写作：

$$\vec{B}_2(I,t) - \vec{B}_1(I,t) = \mu_0\, \vec{j}_s(I,t) \wedge \vec{n}_{1\to2} \quad \forall I \in (\Sigma) \tag{7.65}$$

其中，$\vec{j}_s(I,t)$ 表示分界面入射点 I 处的面电流密度矢量。磁场法向边值关系写作：

$$\vec{B}_{2\perp}(I,t) - \vec{B}_{1\perp}(I,t) = \vec{0} \quad \forall I \in (\Sigma) \tag{7.66}$$

式(7.66)表明磁场的各法向分量在两介质的分界面处均为连续的。

7.4.4　笛卡儿定律

由 7.4.3 小节可知，电场和磁场的分量都具有如下形式：

$$\underline{a}_n(M,t) = \underline{A}_n \mathrm{e}^{j(\omega t - \vec{k}_n \cdot \vec{OM})} \tag{7.67}$$

其中角标 n 取 i, r 和 t 分别代表入射、反射和透射电磁场分量。

在分界面上的任意一入射点 I 处的电场和磁场边值关系(7.64)和边值关系(7.66)均可写作 $\underline{a}_i(I,t) + \underline{a}_r(I,t) = \underline{a}_t(I,t)$，即

$$\underline{A}_i \mathrm{e}^{j(\omega t - \vec{k}_i \cdot \vec{OI})} + \underline{A}_r \mathrm{e}^{j(\omega t - \vec{k}_r \cdot \vec{OI})} = \underline{A}_t \mathrm{e}^{j(\omega t - \vec{k}_t \cdot \vec{OI})} \tag{7.68}$$

可将式(7.68)简化为

$$\underline{A}_t \mathrm{e}^{j(\vec{k}_i - \vec{k}_t)\cdot \vec{OI}} - \underline{A}_r \mathrm{e}^{j(\vec{k}_i - \vec{k}_r)\cdot \vec{OI}} = \underline{A}_i \quad \forall I \in (\Sigma) \tag{7.69}$$

由于入射点 I 为分界面上任意一点，要想使式(7.69)恒成立，表达式 $\underline{A}_t \mathrm{e}^{j(\vec{k}_i - \vec{k}_t)\cdot \vec{OI}} - \underline{A}_r \mathrm{e}^{j(\vec{k}_i - \vec{k}_r)\cdot \vec{OI}}$ 应为一常数，该常数不取决于折光面上点 I 的选取位置，因此指数上的幅角也应为常数，即

$$(\vec{k}_i - \vec{k}_t)\cdot \vec{OI} = C, \ (\vec{k}_i - \vec{k}_r)\cdot \vec{OI} = C', \quad \forall I \in (\Sigma) \tag{7.70}$$

那么对于折光面上其他位置的任意一入射点 J，表达式(7.70)也成立，则有

$$(\vec{k}_i - \vec{k}_t)\cdot \vec{OJ} = C, \ (\vec{k}_i - \vec{k}_r)\cdot \vec{OJ} = C', \quad \forall I \in (\Sigma) \tag{7.71}$$

由式(7.70)和式(7.71)可得

$$(\vec{k}_i - \vec{k}_r)\cdot \vec{IJ} = 0 \quad \forall (I,J) \in (\Sigma) \tag{7.72}$$

$$(\vec{k}_i - \vec{k}_t)\cdot \vec{IJ} = 0 \quad \forall (I,J) \in (\Sigma) \tag{7.73}$$

由于点 I 和点 J 均在折光面 Σ 上，故向量 $\vec{IJ}$ 与折光面相切。根据式(7.72)可知向量 $\vec{k}_i - \vec{k}_r$ 垂直于与折光面相切的向量 $\vec{IJ}$，因此有

$$\vec{k}_r - \vec{k}_i = \alpha \vec{n}_{1\to2} \tag{7.74}$$

其中，系数 $\alpha \in R$，$\vec{n}_{1\to2}$ 表示垂直于折光面的法向单位向量。同理，根据方程(7.73)可知向量 $\vec{k}_t - \vec{k}_i$ 也垂直于与折光面相切的向量 $\vec{IJ}$，且有

$$\vec{k}_t - \vec{k}_i = \beta \vec{n}_{1\to2} \tag{7.75}$$

其中，系数 $\beta \in R$，$\vec{n}_{1 \to 2}$ 表示垂直于折光面的法向单位向量。

定义 7.9　入射面

设 I 是折光面（Σ）上一入射点，称包含入射波矢和折光面 I 点处的法向量的平面为 I 点处的入射面，记为（$I, \vec{k}_i, \vec{n}_{1 \to 2}$）。

根据式（7.74）可得：$\vec{k}_r = \vec{k}_i + a\vec{n}_{1 \to 2}$，说明反射波矢 $\vec{k}_r$ 处于入射平面内。根据式（7.75）可得 $\vec{k}_t = \vec{k}_i + \beta\vec{n}_{1 \to 2}$，说明透射波矢 $\vec{k}_t$ 也处于入射平面内。由此得出笛卡儿第一定律。

性质 7.3　笛卡儿第一定律

反射波矢和透射波矢都处于入射平面内。

将式（7.74）投影到与折光面平行的方向（垂直于法向 $\vec{n}_{1 \to 2}$），可得 $k_{r//} - k_{i//} = 0$；同理，由式（7.75）可得 $k_{t//} - k_{i//} = 0$。因此得到：

$$k_{i//} = k_{r//} = k_{t//} \tag{7.76}$$

性质 7.4　波矢切向分量的连续性

入射波、反射波和折射波的波矢具有共同的切向分量：

$$\vec{k}_{i//} = \vec{k}_{r//} = \vec{k}_{t//}$$

由各波矢与折光面法向量形成的夹角的指向如图 7.6 所示。约定逆时针方向为角度正方向，则有入射角和折射角为正，即 $i_1 > 0$，$i_2 > 0$；反射角为负，即 $r < 0$。

由式（7.74）在平行于折光面的平面上的投影可导出：

$$-n_1 \frac{\omega}{c} \sin r - n_1 \frac{\omega}{c} \sin i_1 = 0 \tag{7.77}$$

故有 $\sin r = -\sin i_1$，由于入射和反射角的取值范围为 $\left(-\dfrac{\pi}{2}, +\dfrac{\pi}{2}\right)$，故有 $r = -i_1$。

由式（7.75）在相切于折光面的平面上的投影可导出：

$$n_2 \frac{\omega}{c} \sin i_2 - n_1 \frac{\omega}{c} \sin i_1 = 0 \tag{7.78}$$

故有 $n_2 \sin i_2 = n_1 \sin i_1$。

性质 7.5　笛卡儿第二定律

反射波矢和透射波矢的方向与入射波矢的方向满足以下关系：

$$r = -i_1; \quad n_2 \sin i_2 = n_1 \sin i_1$$

其中，i_1 表示入射波矢与法线的夹角，r 表示反射波矢与法线的角，i_2 表示透射波矢与法线的夹角，以上角度均以逆时针方向为正。

说明

① 在几何光学中已经了解过笛卡儿第二定律，其本质是电磁波在两种不同介质界面处的反射和折射问题；

② 笛卡儿定律虽然可以预测反射波和折射波的方向，但是并没有给出任何关于反射波和透射波振幅变化和偏振态的相关信息。下一小节将研究一列垂直入射的线偏振态电磁波的反射波和透射波的振幅变化情况。

7.4.5　垂直入射情况下的反射与透射系数

1. 振幅反射与透射系数

考虑一列垂直于折光面入射的入射波（入射角 $i_1 = 0$），根据笛卡儿定律，有 $r = 0$ 和 $i_2 = 0$。由于入射电磁波为横波，电场的法向分量为零，根据电场在入射点处的边值关系，其切向分量具有连续性，即

$$\vec{E}_i(I,t) + \vec{E}_r(I,t) = \vec{E}_t(I,t) \quad \forall I \in (\Sigma) \tag{7.79}$$

同理，磁场在折光面上入射点处的边值关系为

$$\vec{B}_i(I,t) + \vec{B}_r(I,t) = \vec{B}_t(I,t) \quad \forall I \in (\Sigma) \tag{7.80}$$

入射波和透射波分别沿 $\vec{u}_i = \vec{u}_x$ 和 $\vec{u}_t = \vec{u}_x$ 方向传播，反射波沿 $\vec{u}_r = -\vec{u}_x$ 方向传播，故可通过式(7.61)写出磁场边值关系的具体形式：

$$\frac{n_1}{c}\vec{u}_x \wedge \vec{E}_i(I,t) + \frac{n_1}{c}(-\vec{u}_x) \wedge \vec{E}_r(I,t) = \frac{n_2}{c}\vec{u}_x \wedge \vec{E}_t(I,t) \tag{7.81}$$

即

$$n_1\vec{u}_x \wedge \vec{E}_i(I,t) - n_1\vec{u}_x \wedge \vec{E}_r(I,t) = n_2\vec{u}_x \wedge \vec{E}_t(I,t) \tag{7.82}$$

式(7.82)左右两边同时叉乘 $\vec{u}_x$，得

$$\vec{u}_x \wedge [n_1\vec{u}_x \wedge \vec{E}_i(I,t)] - \vec{u}_x \wedge [n_1\vec{u}_x \wedge \vec{E}_r(I,t)]$$
$$= \vec{u}_x \wedge [n_2\vec{u}_x \wedge \vec{E}_t(I,t)] \tag{7.83}$$

由于三列波都是横波，因此有 $\vec{u}_x \cdot \vec{E}_i(I,t) = \vec{u}_x \cdot \vec{E}_r(I,t) = \vec{u}_x \cdot \vec{E}_t(I,t) = 0$，且每个双重向量积可按如下方式分解：

$$\vec{u}_x \wedge [\vec{u}_x \wedge \vec{E}_i(I,t)] = [\vec{u}_x \cdot \vec{E}_i(I,t)]\vec{u}_x - [\vec{u}_x \cdot \vec{u}_x]\vec{E}_i(I,t)$$
$$= \vec{0} - \vec{E}_i(I,t) \tag{7.84}$$

故式(7.83)可写作：

$$-n_1\vec{E}_i(I,t) + n_1\vec{E}_r(I,t) = -n_2\vec{E}_t(I,t) \quad \forall I \in (\Sigma) \tag{7.85}$$

这里定义在分界面上入射点 I 处的振幅反射系数 $r_{1\to2}$ 和振幅透射系数 $t_{1\to2}$：

$$\vec{E}_r(I,t) = r_{1\to2}\vec{E}_i(I,t); \quad \vec{E}_t(I,t) = t_{1\to2}\vec{E}_i(I,t)$$

式(7.79)和式(7.85)写作：

$$1 + r_{1\to2} = t_{1\to2}; \quad -n_1 + n_1 r_{1\to2} = -n_2 t_{1\to2} \tag{7.86}$$

消去式(7.86)中的 $t_{1\to2}$ 或 $r_{1\to2}$，可得

$$r_{1\to2} = \frac{n_1 - n_2}{n_1 + n_2}; \quad t_{1\to2} = \frac{2n_1}{n_1 + n_2} \tag{7.87}$$

说明

① 振幅反射和透射系数均为实数；

② 透射系数永远为正,表示透射场与入射场在折光面上入射点处同相位振动;

③ 反射系数是一个代数量:

a. 若 $n_1 > n_2$,反射场与入射场同相位振动;

b. 若 $n_1 < n_2$,反射场与入射场振动相位相反,即相位相差 π。例如,一列在空气中传播的波在玻璃表面上的反射时会产生 π 的相位差。

c. 若 $n_1 = n_2$,不存在反射场。

性质 7.6 振幅反射系数和振幅透射系数

一列平面简谐行波,垂直入射于折射率分别为n_1和n_2的两透明介质的分界面,界面处电场的振幅反射系数和振幅透射系数分别为

$$r_{1 \to 2} = \frac{n_1 - n_2}{n_1 + n_2} \; ; \quad t_{1 \to 2} = \frac{2n_1}{n_1 + n_2}$$

2. 能量反射和透射系数

一列在透明介质中沿$\vec{u}$方向传播的平面简谐行波的坡印廷矢量为

$$\vec{\pi} = \frac{\vec{E} \wedge \vec{B}}{\mu_0} \tag{7.88}$$

其中,实表示下磁场与电场的关系式为$\vec{B} = \frac{n}{c}\vec{u} \wedge \vec{E}$,且系数为实数,将其带入式(7.88)并将双重向量积展开,对于横波,有$\vec{u} \cdot \vec{E} = 0$,故可推出:

$$\vec{\pi} = \frac{n}{\mu_0 c} \vec{E}^2 \vec{u} \tag{7.89}$$

对于一列振幅为 E_0 的平面简谐行波,坡印廷矢量取平均值后可得$\langle \vec{\pi} \rangle = \frac{n}{2\mu_0 c} E_0^2 \vec{u}$。故对于入射、反射和折射波的坡印廷矢量平均值分别为

$$\langle \vec{\pi}_i \rangle = \frac{n_1}{2\mu_0 c} E_{oi}^2 \vec{u}_x ; \langle \vec{\pi}_r \rangle = -\frac{n_1}{2\mu_0 c} E_{or}^2 \vec{u}_x ; \langle \vec{\pi}_t \rangle = \frac{n_2}{2\mu_0 c} E_{ot}^2 \vec{u}_x \tag{7.90}$$

在分界面上 I 点处的电磁波能量反射系数和透射系数可分别被定义为

$$R_{1 \to 2} = \frac{\| \vec{\pi}_r(I, t) \|}{\| \vec{\pi}_i(I, t) \|} ; \quad T_{1 \to 2} = \frac{\| \vec{\pi}_t(I, t) \|}{\| \vec{\pi}_i(I, t) \|} \tag{7.91}$$

故有

$$R_{1 \to 2} = \frac{E_{or}^2}{E_{oi}^2} = | r_{1 \to 2} |^2 ; \quad T_{1 \to 2} = \frac{n_2 E_{ot}^2}{n_1 E_{oi}^2} = \frac{n_2}{n_1} | t_{1 \to 2} |^2 \tag{7.92}$$

由$r_{1 \to 2}$和$t_{1 \to 2}$的表达式可推出用折射率表示的能量反射和透射系数表达式:

$$R_{1 \to 2} = \left(\frac{n_1 - n_2}{n_1 + n_2} \right)^2 ; T_{1 \to 2} = \frac{4 n_1 n_2}{(n_1 + n_2)^2} \tag{7.93}$$

注意到 $R_{1 \to 2} = R_{2 \to 1}$,因此可将其简记为 R;同理,$T_{1 \to 2} = T_{2 \to 1}$,可简记为 T。

性质 7.7 能量反射系数和透射系数

一列平面简谐行波,垂直入射于折射率分别为 n_1 和 n_2 的两透明介质的分界面,分界面处电磁波能量反射系数和透射系数分别为

$$R = \left(\frac{n_1 - n_2}{n_1 + n_2} \right)^2 ; \quad T = \frac{4 n_1 n_2}{(n_1 + n_2)^2} \tag{7.94}$$

说明

① 对于两种透明介质界面处的反射和透射问题,能量反射系数和透射系数满足关系 $R + T = 1$,由此也可说明能量守恒,入射波携带的能量完全分给了反射波和透射波;

② 能量反射系数和透射系数的表达式不随下标的交换而改变,因此可以写作:

$$R_{1 \to 2} = R_{2 \to 1} ; \quad T_{1 \to 2} = T_{2 \to 1}$$

这表示无论从哪个方向穿过交界面,能量反射系数和透射系数的值都不会发生改变。

习　题

7-1　两导体平面之间电磁波的传播

考虑一列电磁波在处于 $z = 0$ 和 $z = a$ 处的两个相互平行的导体平面之间传播,其电场形式如下:

$$\vec{E}(M, t) = E(z) \sin(ky - \omega t) \vec{u}_x$$

(1) 求电场振幅 $E(z)$。

(2) 证明导体平面之间的电磁波只能在特定模式下传播,且存在一截止角频率 $\omega_{c,n}$。在给定电磁波角频率 ω 情况下,求波数 k_n。

(3) 求电磁波传播的相速 v_φ 与群速 v_g。

7-2　电磁波在等离子体中传播的能量分析

一列简谐电磁横波在半无限大空间($x > 0$)的等离子体中传播,其电场复表示形式如下:

$$\underline{\vec{E}}(M, t) = \underline{\vec{E}}_0 e^{j(\omega t - \underline{k} x)}$$

其中,复振幅 $\underline{\vec{E}}_0 = \vec{E}_0 e^{j\varphi}$。等离子体由阳离子和电子构成,阳离子因其质量相对较大,受电磁场干扰较小,可近似认为固定不动。电子浓度为 n_0,电磁波在等离子流中传播时电子浓度保持不变。等离子体中因存在自由电子,与金属导体物理性质类似,其复电导率可表述为如下形式:

$$\underline{\gamma} = -j \frac{n_0 e^2}{m \omega}$$

等离子体中电磁波传播的色散关系为

$$\underline{k}^2 = \frac{\omega^2 - \omega_p^2}{c^2}$$

其中,等离子体角频率 $\omega_p = \sqrt{\dfrac{n_0 e^2}{m \varepsilon_0}}$。

1. 在 $\omega > \omega_p$ 条件下,求解以下问题:

(1) 求磁场复表示 $\underline{\vec{B}}$;

(2) 求坡印廷矢量 $\vec{R}$ 及其平均值 $\langle \vec{R} \rangle$;

（3）求等离子体中电磁场能量体密度平均值$\langle w_{em} \rangle$；

（4）求等离子体中电子的机械能体密度平均值$\langle w_m \rangle$；

（5）求等离子体中总能量平均值$\langle w \rangle$；

（6）求坡印廷矢量平均值$\langle \vec{R} \rangle$和等离子体中总能量平均值$\langle w \rangle$之间的关系，证明等离子体中能量传播速度为群速v_g；

2. 在$\omega < \omega_p$条件下，求解以下问题：

（1）求电场和磁场实表示；

（2）求坡印廷矢量平均值。

附录 1　操作算符在三个坐标系下的微分运算

1. 直角坐标系

$$\mathbf{grad}\ f = \nabla f = \left(\frac{\partial f}{\partial x}\right)\vec{u}_x + \left(\frac{\partial f}{\partial y}\right)\vec{u}_y + \left(\frac{\partial f}{\partial z}\right)\vec{u}_z$$

$$\mathrm{div}\vec{A} = \vec{\nabla}\cdot\vec{A} = \frac{\partial A_x}{\partial x} + \frac{\partial A_y}{\partial y} + \frac{\partial A_z}{\partial z}$$

$$\mathbf{rot}\vec{A} = \vec{\nabla}\times\vec{A} = \left(\frac{\partial A_z}{\partial y} - \frac{\partial A_y}{\partial z}\right)\vec{u}_x + \left(\frac{\partial A_x}{\partial z} - \frac{\partial A_z}{\partial x}\right)\vec{u}_y + \left(\frac{\partial A_y}{\partial x} - \frac{\partial A_x}{\partial y}\right)\vec{u}_z$$

$$\Delta f\ \vec{\nabla}(\nabla f) = \nabla^2 f = \frac{\partial^2 f}{\partial x^2} + \frac{\partial^2 f}{\partial y^2} + \frac{\partial^2 f}{\partial z^2}$$

$$\Delta\vec{A} = \nabla^2\vec{A} = \Delta A_x\vec{u}_x + \Delta A_y\vec{u}_y + \Delta A_z\vec{u}_z$$

$$= \left(\frac{\partial^2 A_x}{\partial x^2} + \frac{\partial^2 A_x}{\partial y^2} + \frac{\partial^2 A_x}{\partial z^2}\right)\vec{u}_x + \left(\frac{\partial^2 A_y}{\partial x^2} + \frac{\partial^2 A_y}{\partial y^2} + \frac{\partial^2 A_y}{\partial z^2}\right)\vec{u}_y$$

$$+ \left(\frac{\partial^2 A_z}{\partial x^2} + \frac{\partial^2 A_z}{\partial y^2} + \frac{\partial^2 A_z}{\partial z^2}\right)\vec{u}_z$$

2. 圆柱坐标系

$$\mathbf{grad}\ f = \nabla f = \left(\frac{\partial f}{\partial r}\right)\vec{u}_r + \frac{1}{r}\left(\frac{\partial f}{\partial\theta}\right)\vec{u}_\theta + \left(\frac{\partial f}{\partial z}\right)\vec{u}_z$$

$$\mathrm{div}\vec{A} = \vec{\nabla}\cdot\vec{A} = \frac{1}{r}\frac{\partial(rA_r)}{\partial r} + \frac{1}{r}\frac{\partial A_\theta}{\partial\theta} + \frac{\partial A_z}{\partial r}$$

$$\mathbf{rot}\vec{A} = \vec{\nabla}\times\vec{A} = \left(\frac{1}{r}\frac{\partial A_z}{\partial\theta} - \frac{\partial A_\theta}{\partial z}\right)\vec{u}_r + \left(\frac{\partial A_r}{\partial z} - \frac{\partial A_z}{\partial r}\right)\vec{u}_\theta + \frac{1}{r}\left(\frac{\partial(rA_\theta)}{\partial r} - \frac{\partial A_r}{\partial\theta}\right)\vec{u}_z$$

$$\Delta f = \nabla^2 f = \frac{1}{r}\left(\frac{\partial}{\partial r}\left(r\frac{\partial f}{\partial r}\right)\right) + \frac{1}{r^2}\left(\frac{\partial^2 f}{\partial\theta^2}\right) + \frac{\partial^2 f}{\partial z^2}$$

3. 球坐标系

$$\mathbf{grad}\ f = \nabla f = \left(\frac{\partial f}{\partial r}\right)\vec{u}_r + \frac{1}{r}\left(\frac{\partial f}{\partial\theta}\right)\vec{u}_\theta + \frac{1}{r\sin\theta}\left(\frac{\partial f}{\partial\varphi}\right)\vec{u}_\varphi$$

$$\mathrm{div}\vec{A} = \vec{\nabla}\cdot\vec{A} = \frac{1}{r^2}\frac{\partial}{\partial r}\left(r^2\frac{\partial A_r}{\partial r}\right) + \frac{1}{r\sin\theta}\frac{\partial(\sin\theta A_\theta)}{\partial\theta} + \frac{1}{r\sin\theta}\frac{\partial A_\varphi}{\partial\varphi}$$

$$\mathbf{rot}\vec{A} = \vec{\nabla}\times\vec{A}$$

$$= \frac{1}{r\sin\theta}\left[\frac{\partial(\sin\theta A_\varphi)}{\partial\theta} - \frac{\partial A_\theta}{\partial\varphi}\right]\vec{u}_r + \left[\frac{1}{r\sin\theta}\frac{\partial A_r}{\partial\varphi} - \frac{1}{r}\frac{\partial(rA_\varphi)}{\partial r}\right]\vec{u}_\theta$$

$$+ \frac{1}{r}\left[\frac{\partial(rA_\theta)}{\partial r} - \frac{\partial A_r}{\partial\theta}\right]\vec{u}_\varphi$$

$$\Delta f = \nabla^2 f = \frac{1}{r^2}\left[\frac{\partial}{\partial r}\left(r^2\frac{\partial f}{\partial r}\right)\right] + \frac{1}{r^2\sin\theta}\left[\frac{\partial}{\partial\theta}\left(\sin\theta\frac{\partial f}{\partial\theta}\right)\right] + \frac{1}{r^2\sin^2\theta}\frac{\partial^2 f}{\partial\varphi^2}$$

附录 2 矢量恒等式与定理

1. 矢量恒等式

$\vec{A}$、$\vec{B}$ 和 $\vec{B}$ 是矢量，U 和 V 是标量。

$\vec{A} \wedge (\vec{B} \wedge \vec{C}) = \vec{B}(\vec{A} \cdot \vec{C}) - \vec{C}(\vec{A} \cdot \vec{B})$

$\mathbf{grad}(UV) = V\,\mathbf{grad}\,U + U\,\mathbf{grad}\,V$

$\mathrm{div}(U\vec{A}) = \vec{A} \cdot \mathbf{grad}\,U + U \cdot \mathrm{div}\vec{A}$

$\mathbf{rot}(U\vec{A}) = \mathbf{grad}\,U \wedge \vec{A} + U\mathbf{rot}(U\vec{A})$

$\mathrm{div}(\vec{A} \wedge \vec{B}) = \vec{B} \cdot \mathbf{rot}\vec{A} - \vec{A} \cdot \mathbf{rot}\vec{B}$

$\mathbf{rot}(\vec{A} \wedge \vec{B}) = \vec{A}\,\mathrm{div}\vec{B} - (\vec{A} \cdot \mathbf{grad})\vec{B} - \vec{B}\,\mathrm{div}\vec{A} + (\vec{B} \cdot \mathrm{grad})\vec{A}$

$\mathbf{grad}(\vec{A} \cdot \vec{B}) = \vec{A} \wedge \mathbf{rot}\vec{B} + (\vec{A} \cdot \mathbf{grad})\vec{B} + \vec{B} \wedge \mathbf{rot}\vec{A} + (\vec{B} \cdot \mathrm{grad})\vec{A}$

$\mathbf{rot}(\mathbf{grad}\,U) = \vec{0}$

$\mathrm{div}(\mathbf{rot}\vec{A}) = 0$

$\mathbf{rot}(\mathbf{rot}\vec{A}) = \mathbf{grad}(\mathrm{div}\vec{A}) - \Delta\vec{A}$

$(\vec{A} \cdot \mathbf{grad})\vec{A} = \dfrac{1}{2}\mathbf{grad}\vec{A}^2 + (\mathbf{rot}\vec{A}) \wedge \vec{A}$

2. 矢量定理

梯度定理：$\displaystyle\oiint_{S} U(P)\,\mathrm{d}\vec{S} = \iiint_{V} \mathbf{grad}\,U(M)\,\mathrm{d}\tau$

散度定理：$\displaystyle\oiint_{S} \vec{A} \cdot \mathrm{d}\vec{S} = \iiint_{V} \mathrm{div}\vec{A}\,\mathrm{d}\tau$

旋度定理：$\displaystyle\oiint_{S} \vec{A}(P) \wedge \mathrm{d}\vec{S} = -\iiint_{V} \mathbf{rot}\vec{A}(M)\,\mathrm{d}\tau$

斯托克斯定理：$\displaystyle\oint_{\Gamma} \vec{A} \cdot \mathrm{d}\vec{l} = \iint_{S} \mathbf{rot}\vec{A} \cdot \mathrm{d}\vec{S}$

开尔文定理：$\displaystyle\oint_{\Gamma} U(P)\,\mathrm{d}\vec{l} = -\iint_{S} \mathbf{grad}\,U(M) \wedge \mathrm{d}\vec{S}$

附录3 基本物理常数

基本物理常数表

物理量	符号	数值	单位
电子电量	e	$1.602\ 176\ 53 \times 10^{-19}$	C
电子质量	m_e	$9.109\ 382\ 6 \times 10^{-31}$	kg
质子质量	m_p	$1.672\ 621\ 71 \times 10^{-27}$	kg
普朗克常量	h	$6.626\ 069\ 3 \times 10^{-34}$	J·s
玻尔兹曼常数	k	$1.380\ 650\ 5 \times 10^{-23}$	J/K
阿伏伽德罗常数	N_A	$6.022\ 141\ 5 \times 10^{23}$	mol^{-1}
万有引力常数	G	$6.674\ 2 \times 10^{-11}$	$m^3/(kg·s^2)$
真空介电常数	ε_0	$8.854\ 187\ 817 \times 10^{-12}$	F/m
真空磁导率	μ_0	$4\pi \times 10^{-7}$	H/m
真空中的光速	c	$2.997\ 924\ 58 \times 10^8$	m/s

习题参考答案

第 1 章

1-1 带电球面的静电场

(1) 当 $r<R$ 时，$\vec{E}(M)=\vec{0}$；当 $r>R$ 时，$\vec{E}(M)=\dfrac{R^2\sigma}{\varepsilon_0}\dfrac{1}{r^2}\vec{u}_r$；

(2) 图略；由于电荷在球面处是面分布，因此在球面处电场强度不连续。

1-2 静电场的边值关系

(1) 满足；(2) 证明略；(3) 环量为零；(4) 证明略；(5) 证明略。

1-3 圆柱形电容器中的电场和电势

(1) $\vec{E}(M)=\dfrac{V_A}{\ln\left(\dfrac{R_C}{R_A}\right)}\dfrac{1}{r}\vec{u}_r$；

(2) $V(M)=\dfrac{V_A}{\ln\left(\dfrac{R_A}{R_C}\right)}\ln\left(\dfrac{r}{R_C}\right)$；

(3) 半径 R_C 处电场强度最大；

(4) $R_C=\dfrac{R_A}{e}$；

(5) 48 kV。

1-4 Debye 静电屏蔽

(1) $\rho(r)=-2en_e sh\left[\dfrac{eV(r)}{k_BT}\right]$；(2) 证明略；(3) $\dfrac{d^2}{dr^2}[rV(r)]-\dfrac{2en_e}{\varepsilon_0}sh\left[\dfrac{eV(r)}{k_BT}\right]r=0$；

(4) $\dfrac{d^2u(r)}{dr^2}-\dfrac{2e^2n_e}{\varepsilon_0 k_BT}u(r)=0$；(5) $u(r)=Ae^{-\frac{r}{\lambda_D}}+Be^{-\frac{r}{\lambda_D}}$；(6) $V(r)=\dfrac{e}{4\pi\varepsilon_0 r}e^{-\frac{r}{\lambda_D}}$；

(7) 由上问结果可以看到因为 e 指数衰减项的存在，等离子体中 Ar^+ 离子附近的电场比阳离子独立存在时的电场衰减更快，我们将这种效应称之为"静电屏蔽效应"。

1-5 静磁场的边值关系

(1) 穿过封闭曲面的磁通量为零；(2) 证明略；(3) 证明略；(4) 证明略。

1-6 通电导体周围的静磁场

(1) 略；(2) 当 $r<R$ 时，$B_\theta(r)=\mu_0 Rj_0$；当 $r>R$ 时，$B_\theta(r)=\dfrac{\mu_0 R^2 j_0}{r}$；(3) 验证略。

1-7 电感线圈

(1) $\vec{B}(M)=B(r)\vec{u}_\theta$；

(2) $\vec{B}(M)=-\dfrac{\mu_0 NI}{2\pi x}\vec{u}_z$；

(3) $\varphi = \dfrac{\mu_0 NIa}{2\pi} \ln\left(\dfrac{2R+a}{2R-a}\right)$;

(4) $L = 1.6 \times 10^{-3}$ H;

(5) 电感线圈中的铁芯材料会增加线圈的自感系数。

1-8　同轴电缆中的磁场与磁矢势

(1) $\vec{j}_1 = \dfrac{I}{\pi R_1^2} \vec{u}_z$, $\vec{j}_2 = -\dfrac{I}{\pi(R_3^2 - R_2^2)} \vec{u}_z$;

(2) $\vec{B}(M) = B(r)\vec{u}_\theta$, $\vec{A}(M) = A(r)\vec{u}_z$;

(3) $\vec{B}(r) = \dfrac{\mu_0}{2} j_1 r \vec{u}_\theta$; $\vec{A}(r) = -\dfrac{\mu_0}{4} j_1 r^2 \vec{u}_z$;

(4) $\vec{B}(r) = \dfrac{\mu_0}{2r} j_1 R_1^2 \vec{u}_\theta$; $\vec{A}(r) = -\dfrac{\mu_0}{4} j_1 R_1^2 \left[1 + 2\ln\left(\dfrac{r}{R_1}\right)\right] \vec{u}_z$。

第 2 章

2-1　电磁感应加热金属棒

(1) $\vec{E}(M,t) = \dfrac{r\omega B_0}{2} \sin(\omega t) \vec{u}_\theta$;

(2) $\langle P(t)\rangle = \dfrac{\gamma \omega^2 B_0^2 a^4 \pi l}{8} \langle \sin^2(\omega t)\rangle = \dfrac{\gamma \omega^2 B_0^2 a^4 \pi l}{16}$。

2-2　时变态螺线管中的电磁场

(1) $\vec{B}(M,t) = \mu_0 n i(t) \vec{u}_z$;

(2) $\vec{E}(M,t) = -\dfrac{\mu_0 n}{2} \dfrac{\mathrm{d}i(t)}{\mathrm{d}t} r \vec{u}_\theta$;

(3) $u_{\mathrm{mag}}(t) = \dfrac{\mu_0}{2} n^2 i_m^2 \cos^2(\omega t)$, $u_e(t) = \dfrac{\mu_0 n^2 \omega^2 i_m^2}{8c^2} \sin^2(\omega t) r^2$, $\langle u_e\rangle / \langle u_{\mathrm{mag}}\rangle \ll 1$;

(4) $\vec{\pi}(a,t) = \dfrac{\mu_0 n^2 a \omega i_m^2}{4} \sin(2\omega t) \vec{u}_r$;

(5) $U_{\mathrm{em}}(t) = \dfrac{1}{2} \mu_0 n^2 a^2 \pi l i^2(t)$;

(6) $L = \mu_0 \pi \dfrac{N^2 a^2}{l}$。

第 3 章

3-1　金属球静电平衡过程研究

(1) 当 $r < R$ 时, $\vec{E}(M) = \dfrac{Qr}{4\pi R^3 \varepsilon_0} \vec{u}_r$, 当 $r > R$ 时, $\vec{E}(M) = \dfrac{Q}{4\pi r^2 \varepsilon_0} \vec{u}_r$;

(2) 略;

(3) $\dfrac{\partial \rho}{\partial t} + \dfrac{\rho}{\tau} = 0$, $\rho(t) = \rho_0 \mathrm{e}^{-\frac{t}{\tau}}$;

(4) 略;

(5) 当 $r < R$ 时, $\vec{E}(M) = \dfrac{Qr}{4\pi R^3 \varepsilon_0} \mathrm{e}^{-\frac{t}{\tau}}$, 当 $r > R$ 时, $\vec{E}(M) = \dfrac{Q}{4\pi r^2 \varepsilon_0} \vec{u}_r$, $\vec{j}(M,t) =$

$$\frac{\gamma Q r}{4\pi\varepsilon_0 R^3}e^{-\frac{t}{\tau}}\vec{u}_r;$$

（6）略；

（7）当 $r < R$ 时，$\vec{E}(M, t\rightarrow\infty) = \vec{0}$，当 $r > R$ 时，$\vec{E}(M, t\rightarrow\infty) = \frac{Q}{4\pi r^2\varepsilon_0}\vec{u}_r$，$\sigma$

$(M, t\rightarrow\infty) = \frac{Q}{4\pi R^2}$；

（8）$\Delta U_{em} = -\frac{Q^2}{40\pi\varepsilon_0 R}$。

3-2 金属导体中的体电流密度矢量和磁感应强度

略。

3-3 金属导体的面电流密度

略。

3-4 趋肤效应下金属导体中的电磁场能量

（1）$\vec{B} = \frac{\sqrt{2}}{\delta\omega}\frac{j_0}{\gamma_0}e^{-\frac{z}{\delta}}e^{i(\omega t - \frac{z}{\delta} - \frac{\pi}{4})}\vec{u}_y$，$\vec{B}(z, t) = \frac{\sqrt{2}}{\delta\omega}\frac{j_0}{\gamma_0}e^{-\frac{z}{\delta}}\cos\left(\omega t - \frac{z}{\delta} - \frac{\pi}{4}\right)\vec{u}_y$；

（2）$\langle u_e\rangle = \frac{1}{4}\varepsilon_0\left(\frac{j_0}{\gamma_0}\right)^2 e^{-\frac{2z}{\delta}}$，$\langle u_{mag}\rangle = \frac{1}{2\mu_0\delta^2\omega^2}\left(\frac{j_0}{\gamma_0}\right)^2 e^{-\frac{2z}{\delta}}$；

（3）略；

（4）略。

第 4 章

4-1 电磁感应加热

（1）证明略；

（2）$b \ll \sqrt{\dfrac{2}{\mu_0\gamma\omega}}$；

（3）$\vec{j}(M, t) = \dfrac{\gamma B_0\omega}{2}\sin(\omega t)r\vec{u}_\theta$，其中 $B_0 = \mu_0 n i_0$；

（4）$\langle P_J\rangle = \dfrac{\pi\gamma B_0^2\omega^2 b^4 L}{16}$，其中 $B_0 = \mu_0 n i_0$。

4-2 耦合线圈

（1）$q_1(t) = Q\cos\left(\dfrac{\omega-\Omega}{2}t\right)\cos\left(\dfrac{\omega-\Omega}{2}t\right)$，$q_2(t) = -Q\sin\left(\dfrac{\omega-\Omega}{2}t\right)\sin\left(\dfrac{\omega-\Omega}{2}t\right)$，其中

$\omega = \dfrac{1}{\sqrt{C(L+M)}}$，$\Omega = \dfrac{1}{\sqrt{C(L-M)}}$；

（2）$q_1(t) = Q\cos\left(\dfrac{M}{2L}\omega_0 t\right)\cos(\omega_0 t)$，$q_1(t) = Q\sin\left(\dfrac{M}{2L}\omega_0 t\right)\sin(\omega_0 t)$，其中 $\omega_0 = \dfrac{1}{\sqrt{LC}}$；

（3）图略。

4-3 非均匀磁场中线圈的运动

（1）$\dfrac{d^2 Z(t)}{dt^2} + \dfrac{B_0^2 a^4 b^2}{mR}\dfrac{dZ(t)}{dt} + \dfrac{k}{m}Z(t) = 0$；

（2）$\mathrm{d}(E_c+E_p)=-P_J\mathrm{d}t<0$，其中 E_c 表示系统动能，E_p 表示系统势能，P_J 表示焦耳热功率。

第 5 章

5-1 理想变压器阻抗匹配

（1）$\dfrac{\underline{U}_2}{\underline{U}_1}=m$，$\dfrac{\underline{I}_2}{\underline{I}_1}=-\dfrac{1}{m}$；

（2）$\underline{Z}_{rp}=\dfrac{1}{m^2}\underline{Z}_g$；

（3）$\underline{E}_{eq}=mE$，$\underline{Z}_{rs}=m^2r$；

（4）$\langle P_c\rangle=\left(\dfrac{1}{\dfrac{R_c}{m}+mr}\right)^2\dfrac{R_cE^2}{2}$。

5-2 高压线输电

（1）$\eta_0=\dfrac{1}{1+\dfrac{R}{R'}}$；

（2）$\underline{Z}_{eq}=\dfrac{R'}{m^2}+j\dfrac{X'}{m^2}$；

（3）$\eta_1=\dfrac{1}{1+m^2\dfrac{R}{R'}}$；

（4）传输电压越高，升压比越低，电力传输效率越接近 1。

第 6 章

6-1 真空中平面行波的传播

（1）$\operatorname{div}\vec{B}(M,t)=0$，$\operatorname{div}\vec{E}(M,t)=0$，$\mathbf{rot}\,\vec{E}(M,t)=-\dfrac{\partial\vec{B}(M,t)}{\partial t}$，$\mathbf{rot}\,\vec{B}(M,t)=$

$\mu_0\varepsilon_0\dfrac{\partial\vec{E}(M,t)}{\partial t}$，$\Delta\vec{E}(M,t)=\mu_0\varepsilon_0\dfrac{\partial^2\vec{E}(M,t)}{\partial t^2}$，$\Delta\vec{B}(M,t)=\mu_0\varepsilon_0\dfrac{\partial^2\vec{B}(M,t)}{\partial t^2}$；

（2）$\dfrac{\partial B_z}{\partial z}=0$，$\begin{vmatrix}-\dfrac{\partial E_y}{\partial z}\\[2mm]\dfrac{\partial E_y}{\partial z}\\[2mm]0\end{vmatrix}\begin{vmatrix}-\dfrac{\partial B_x}{\partial t}\\[2mm]=-\dfrac{\partial B_y}{\partial t}\\[2mm]-\dfrac{\partial B_z}{\partial t}\end{vmatrix}$，$\dfrac{\partial E_z}{\partial z}=0$，$\dfrac{\partial B_x}{\partial z}=\begin{vmatrix}-\dfrac{\partial B_y}{\partial z}\\[2mm]\dfrac{1}{c^2}\dfrac{\partial E_y}{\partial t}\\[2mm]0\end{vmatrix}\begin{vmatrix}\dfrac{1}{c^2}\dfrac{\partial E_x}{\partial t}\\[2mm]\\[2mm]\dfrac{1}{c^2}\dfrac{\partial E_z}{\partial t}\end{vmatrix}$；

（3）略；

（4）$\dfrac{\|\vec{E}\|}{\|\vec{B}\|}=c$，$\vec{B}=\dfrac{\vec{u}_z\wedge\vec{E}}{c}$；

（5）$Z_c=\sqrt{\dfrac{\mu_0}{\varepsilon_0}}=377\ \Omega$；

（6）$\dfrac{\partial u(M,t)}{\partial t}+\operatorname{div}\vec{R}(M,t)=0$；

(7) $u(M,t) = \dfrac{1}{2}\varepsilon_0 \vec{E}^2 + \dfrac{1}{2\mu_0}\vec{B}^2, \vec{R}(M,t) = \dfrac{\vec{E}(M,t) \wedge \vec{B}(M,t)}{\mu_0}$;

(8) $u(M,t) = \varepsilon_0 \vec{E}^2, \vec{R}(M,t) = \varepsilon_0 c\vec{E}^2 \vec{u}_z, \vec{R}(M,t) = cu(M,t)\vec{u}_z$ 。

6-2 平面简谐行波的偏振态

(1) $\vec{\underline{E}}_r = -E_0 \mathrm{e}^{j(\omega t + kz)} \begin{vmatrix} 1 \\ j \\ 0 \end{vmatrix}$，入射电场为右旋圆偏振态，反射电场为左旋圆偏振态，$\vec{\underline{E}} =$

$2E_0 \sin(kz)\mathrm{e}^{j\omega t} \begin{vmatrix} -j \\ 1 \\ 0 \end{vmatrix}$;

(2) $\vec{\underline{B}}_i = \dfrac{E_0}{c}\mathrm{e}^{j(\omega t - kz)} \begin{vmatrix} -j \\ 1 \\ 0 \end{vmatrix}$, $\vec{\underline{B}}_r = \dfrac{E_0}{c}\mathrm{e}^{j(\omega t + kz)} \begin{vmatrix} -j \\ 1 \\ 0 \end{vmatrix}$, $\vec{\underline{B}} = \dfrac{2E_0}{c}\cos(kz)\mathrm{e}^{j\omega t} \begin{vmatrix} -j \\ 1 \\ 0 \end{vmatrix}$;

(3) $\vec{E} = 2E_0 \sin(kz) \begin{vmatrix} \sin(\omega t) \\ \cos(\omega t) \\ 0 \end{vmatrix}$, $\vec{B} = \dfrac{2E_0}{c}\cos(kz) \begin{vmatrix} \sin(\omega t) \\ \cos(\omega t) \\ 0 \end{vmatrix}$ ，电场和磁场均为驻波，时间

上同相位振动，空间上电场的波节为磁场的波腹，电场的波腹为磁场的波节;

(4) $u(M,t) = 2\varepsilon_0 \vec{E}^2, \vec{R}(M,t) = \vec{0}$;

(5) $\sigma(M,t) = 0, \vec{j}_s(t) = 2\varepsilon_0 cE_0 \begin{vmatrix} \cos(\omega t) \\ -\sin(\omega t) \\ 0 \end{vmatrix}$ 。

6-3 两列平面简谐行波的叠加

1. 在 $\omega > \omega_p$ 条件下，求解下列问题：

(1) $\Delta\vec{\underline{E}}_1 = \dfrac{1}{c^2}\dfrac{\partial^2 \vec{\underline{E}}_1}{\partial t^2}, k = \dfrac{\omega}{c}$;

(2) $\vec{\underline{B}}_1 = \dfrac{E_0}{c}\mathrm{e}^{j(\omega t - \vec{k}_1 \cdot \vec{r})}(\sin i\vec{u}_x - \cos i\vec{u}_y)$;

(3) 图略;

(4) $\vec{k}_2 = k(\cos i\vec{u}_x - \sin i\vec{u}_y), \vec{\underline{E}}_2 = -E_0 \mathrm{e}^{j(\omega t - kx\cos i + ky\sin i)}\vec{u}_z$,

$\vec{\underline{B}}_2 = \dfrac{E_0}{c}\mathrm{e}^{j(\omega t - \vec{k}_2 \cdot \vec{r})}(\sin i\vec{u}_x + \cos i\vec{u}_y)$;

(5) 第二列波是第一列波在 $y \geqslant 0$ 空间存在的理想导体表面（Oxz 平面）遵循笛卡儿反射定律形成的;

2. 在 $\omega < \omega_p$ 条件下，求解以下问题：

(6) $\vec{\underline{E}} = -2j\sin(ky\sin i)E_0 \mathrm{e}^{j(\omega t - kx\cos i)}\vec{u}_z$,

$\vec{\underline{B}} = \dfrac{E_0}{c}\mathrm{e}^{j(\omega t - kx\cos i)}\left[2\cos(ky\sin i)\sin i\vec{u}_x + 2j\sin(ky\sin i)\cos i\vec{u}_y\right]$;

(7) $v_\varphi = \dfrac{\omega}{k\cos i} = \dfrac{c}{\cos i} > c$；

(8) 合成电场为沿着 $\vec{u}_x$ 方向传播的行波，其振幅 $\| \vec{E} \| = E_0 \sin(ky\sin i)$ 是变量 y 的函数；

(9) $\sigma(M,t) = 0$；$\vec{j}_s(M,t) = 2\sin i\, \dfrac{E_0}{\mu_0 c} e^{j(\omega t - kx\cos i)} \vec{u}_z$。

第 7 章

7-1 两导体平面之间电磁波的传播

(1) $E(z) = E_0 \sin \dfrac{n\pi z}{a}$，其中 E_0 为电场最大振幅；

(2) $k_n^2 = \dfrac{\omega^2}{c^2} - \dfrac{n^2\pi^2}{a^2}$，$\omega_{c,n} = \dfrac{nc\pi}{a}$；

(3) $v_\varphi = c \Big/ \sqrt{1 - \dfrac{n^2 c^2 \pi^2}{a^2 \omega^2}}$，$v_\varphi = c\sqrt{1 - \dfrac{n^2 c^2 \pi^2}{a^2 \omega^2}}$。

7-2 电磁波在等离子体中传播的能量分析

(1) $\vec{B} = \dfrac{1}{c}\sqrt{1 - \left(\dfrac{\omega_p}{\omega}\right)^2}\, e^{j(\omega t - k'x + \varphi)} \vec{u}_x \wedge \vec{E}_0$；

(2) $\vec{R} = \dfrac{E_0^2}{\mu_0 c}\sqrt{1 - \left(\dfrac{\omega_p}{\omega}\right)^2}\cos^2(\omega t - k'x + \varphi)\vec{u}_x$，$\langle \vec{R} \rangle = \dfrac{c\varepsilon_0 E_0^2}{2}\sqrt{1 - \left(\dfrac{\omega_p}{\omega}\right)^2}\vec{u}_x$；

(3) $\langle w_{em} \rangle = \dfrac{\varepsilon_0 E_0^2}{4}\left[2 - \left(\dfrac{\omega_p}{\omega}\right)^2\right]$；

(4) $\langle w_m \rangle = \dfrac{\varepsilon_0 E_0^2}{4}\left(\dfrac{\omega_p}{\omega}\right)^2$；

(5) $\langle w \rangle = \dfrac{1}{2}\varepsilon_0 E_0^2$；

(6) $\langle \vec{R} \rangle = \langle w \rangle v_g \vec{u}_x$；

(7) $\vec{E} = \vec{E}_0 e^{k''x}\cos(\omega t + \varphi)$，$\vec{B} = \dfrac{1}{c}\sqrt{\left(\dfrac{\omega_p}{\omega}\right)^2 - 1}\, e^{k''x}\cos(\omega t + \varphi)\vec{u}_x \wedge \vec{E}_0$，其中 $k'' = -\dfrac{\omega}{c}\sqrt{\left(\dfrac{\omega_p}{\omega}\right)^2 - 1}$；

(8) $\langle \vec{R} \rangle = \vec{0}$。

参考文献

[1]　梁灿彬,秦光戎,梁竹健. 电磁学[M]. 北京:高等教育出版社,2010.

[2]　邵小桃,李一枚,王国栋. 电磁场与电磁波[M]. 北京:清华大学出版社,2017.

[3]　李锦屏. 电磁场与电磁波[M]. 北京:清华大学出版社,2018.

[4]　郭辉萍,刘学观. 电磁场与电磁波[M]. 4版. 西安:西安电子科技大学出版社,2015.

[5]　卢智远,朱满座,侯建强. 电磁场与电磁波教程[M]. 西安:西安电子科技大学出版
社,2020.

[6]　梅中磊,曹斌照,李月娥,等. 电磁场与电磁波[M]. 北京:清华大学出版社,2022.

[7]　郑钧. 电磁场与电磁波[M]. 2版. 北京:清华大学出版社,2020.